料理界

雖然在專業廚師眼中這些烹調方式根本「無法想像」，

最強

但只要照著食譜便可做出一入口就讓人讚嘆不已的料理。

旁門左道

無視所有
中華料理基礎常識
沾著吃的
「終極大蝦佐美乃滋」

★1 全新創意打造經典菜色，迸出人生極致美味

本書鉅細靡遺地記載了烹調程序，
只要照著食譜步驟，
人人都能製作出一樣的好味道。

將煮至濃稠的番茄醬
作為調味就足夠的
「終極拿坡里肉醬麵」

有別於常見的
味噌湯煮法
採燉內臟手法製作的
「終極豬肉味噌湯」

2 絕不拖泥帶水，突破奔向美味的最短距離

想做出美味料理，
只需要執行真正必要的步驟，
本書提供的正是這些精華資訊。

TKG史上
最大的驚喜
「終極生蛋拌飯」

只要扔進小烤箱
就能端出肉汁四溢的
「終極烤雞」

③ 換句話說,這本書就是所有下廚之人的最佳夥伴

這是一本終極食譜書,
一本將美味與效率發揮到極致的
全新「烹飪教科書」。

漢堡排配馬鈴薯
沙拉,人生之樂,
莫過於此。
「終極漢堡排」
「終極馬鈴薯沙拉」

一個人在廚房的時候感覺很孤獨對吧。

無論是思考今天要做什麼菜、決定用哪一種烹調方式，在廚房裡唯一能依靠的只有自己，這是唯有料理研究家能體察的心情，也是我一直想當大家的廚房神隊友的關鍵理由。因此，這本書中的「終極食譜」正是我自炊生活的集大成之作，也是我能送給大家的最後一個，同時也是最棒的禮物。

希望透過這本書，能幫助那些自認不擅長烹飪的人提升自信心，讓他們發自內心感嘆「哇，我做得還滿好吃耶。」而對於那些喜歡烹飪的人，我期待能幫他們刷新「個人料理生涯史最好吃紀錄」。

無論是多麼專業的廚師，都不可能完全掌握你的口味偏好，而自炊最棒的一點就是可以根據個人喜好進行調整，做出一道滿足自己味蕾的料理，這是屬於每個人獨有的特權。只要知道如何創造喜歡的口味，你為自己做出的食物，就會是全世界最美味的料理。

首先，請大家照著食譜實際做做看，也嘗試一下我的配方。多嘗試幾次之後，會發現自己比較偏好哪個料理研究家的食譜，並掌握自己喜歡的調味，也使你的烹飪技巧更加進步。也許每個人看法不同，但我認為應該要以自己覺得好吃的方向去調整食譜，因為你所感受到的「美味」，才是最正確也最重要的。

很抱歉講了一堆漂亮話，但我要收回我之前說的話。本書的100道食譜可說是集結餐桌上常見的「基本菜色」，用極度旁門左道的手法演變出的「禁忌招數」。我必須要提醒你，一旦你試做成功，過去所知的一切將成過眼雲煙，你將再也無法滿足於過往的口味。

雖然YouTube上的我實在不怎樣，但我希望大家都能看得開心。有時可能會覺得我有點吵，但還請大家看在做出來的料理很好吃的份上一笑置之。

Ryuji

目次

簡單的主力級菜色 超級實用配菜

我絞盡腦汁想出來的最強 蛋包飯、丼飯、咖哩飯、炒飯

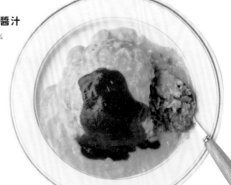

花費35年時間才找到
打破常識的麵條

全日本最會做菜的酒鬼所想出的
全世界最對味的下酒菜

手工製作的美味吃得出來！
感受幸福滿滿的湯品、火鍋和燉菜

吃了會讓你後悔之前在店裡花了1200日圓
超越店裡賣的麵包和甜點

本書使用指南

湯匙和茶匙

1湯匙是15cc，1茶匙是5cc。

令人霧煞煞的烹飪術語

為了讓讀者更容易理解，我來定義一下這些會在書中描述到的步驟。

少許⋯即使不加也不會對味道產生太大影響，反正憑感覺加下去就對了。

一撮⋯就是你覺得放這麼多，味道肯定會改變的量。用三根手指抓起來加進去。

適量⋯加到你覺得好吃為止。

放置一晚⋯去睡吧。

當你看到「少許」或「適量」，意思是料理研究家想表達「這是你的菜，最終調味要由你來決定」的強烈訊息。

調味

我是個愛喝酒的人，因此本書的調味基本上偏向重口味。若使用到較鹹的調味料，如鹽和白高湯，請務必試試味道後依自己的喜好進行調整。

火力大小

火力因每個人家裡的爐子而異，因此請根據食譜記載的火力大小和加熱時間自行微調。

微波加熱時間

本書食譜是以600W微波爐為基準。若使用500W的微波爐，加熱時間請乘以1.2。

烹飪程序

本書省略了清洗蔬菜、去皮、去籽和蒂頭的步驟。如果沒有寫出食材的切法，請切成好入口的大小即可。

常用調味料

- 砂糖是上白糖（近似細砂糖），鹽是食鹽，醋是穀物醋，醬油是濃口醬油，味噌是混合味噌（未添加高湯）。
- 胡椒是黑胡椒，白高湯是雅媽吉（YAMAKI）的鰹魚淡色濃縮高湯（鹽分10％。請注意白高湯鹽分會因產品而異）。使用創味（SHANTAN）的中華調味料，酒是日本酒（不建議使用料理酒，因為它含有鹽分），味醂是用本味醂（釀造味醂）。

特殊調味料

在這本書中，部分篇章使用了一些特殊的調味料，如豆瓣醬、甜麵醬、魚露等。抱歉，大家就去買一下吧。（但我也發表了很多會用到這些調味料的食譜。請於bazurecipe.com上輸入調味料名稱搜尋即可）

如何使用味之素（鮮味調味料）

鮮味調味料不是「鹹味」而是「鮮味的精華」。因此，如果將它與含鹽量高的調味料一起使用，就可讓食物變得很美味。換句話說，基本組合包括了醬油＋味之素＝「高湯醬油」，鹽＋味之素＝「高湯鹽」，味噌＋味之素＝「高湯味噌」。如果用這些組合代替高湯粉或日式高湯，就可以在不添加柴魚片或牛肉清湯的香氣情況下，「僅添加鮮味」到料理當中，所以我個人是單純將它們當成「充分發揮食材風味的調味料」來使用（本書食譜使用AJINOMOTO味之素，亦可使用其他味精替代）。

管狀生蒜泥／生薑泥的換算

新鮮薑蒜和管狀薑蒜之間的差別就像「草莓」和「草莓味」一樣，所以請盡可能使用新鮮薑蒜。題外話說下，有一種叫檸檬皮刨刀（zestergrater）的刨刀非常好用。

蒜		薑	
新鮮	管狀	新鮮	管狀
1/2瓣	1/2茶匙	5g	1茶匙
1瓣	1茶匙	10g	2茶匙
2瓣	2茶匙	15g	1湯匙

掃QR Code觀看食譜影片

在每章的最後一頁，都附有Ryuji YouTube料理影片的QR Code。影片中會針對重點和技巧做更詳盡的解說，看過一遍可以學得更快。

若有不懂的地方
請看影片

1

殿堂級
經典食譜

從超過1,000道Ryuji食譜當中精挑細選，
希望大家先從經典菜色開始嘗試，
親身感受一下
「最強旁門左道」的概念。

終極漢堡排

有如湧泉般在口中噴發的肉汁

本來想說
如果當不成料理研究家，
我就要靠這道食譜
開一家漢堡排店。

100

RYUJI'S SUPREME
COOKING
RECIPE

材料
（2人份）

[肉排]

- 牛豬混合絞肉…300g
  置於冰箱冷藏，要捏製時再取出。

- 洋蔥（切末）…1/2顆
  （100g）

- 奶油…10g

- 鹽…少許

- Ⓐ蛋…1粒
  牛脂（切碎）…2個
  麵包粉…4湯匙
  水…3湯匙
  高湯粉…2/3茶匙
  吉利丁粉…2茶匙
  為了鎖住漢堡排的肉汁，一定要添加。
  鹽…少許
  黑胡椒…少許

[煎時]

- 沙拉油…1茶匙

- 水…30～50cc

[醬汁]

- Ⓑ醬油…2湯匙
  味醂…2湯匙
  酒…2湯匙
  味之素…灑2下
  大蒜（磨泥）…1瓣

1 炒洋蔥

用平底鍋加熱奶油，在洋蔥上灑鹽，然後用中火去炒。炒至呈淺褐色時，關火並放涼。

POINT

2 製作肉排

將冷藏的絞肉❶、Ⓐ放入碗中，一邊壓碎牛脂揉到絞肉產生黏性為止。將空氣擠出，捏成二份，並在漢堡排中央壓出凹槽。

3 煎成褐色

用平底鍋熱油，以偏弱的中火煎。待煎成褐色後，蓋上蓋子煎3分鐘，再翻面蓋上蓋子煎1分半鐘。

4 蒸煎

加水，蓋上蓋子蒸煎漢堡排5～6分鐘（用牙籤刺一下，溢出的肉汁呈透明色澤就代表熟了）。

5 製作和風醬汁

將漢堡排盛盤。將Ⓑ放入空的平底鍋加熱（若還剩下很多油，可以擦掉一點），然後用中火煮至濃稠再淋於❹上。

終、極拿坡里肉醬麵

調味只要用「煮至濃稠的番茄醬」就搞定

材料（1人份）

- 維也納香腸（斜切）
  …3根（50g）
- 洋蔥（切薄片）
  …小顆1/4顆（50g）
- 蘑菇（5mm寬）
  …2朵（50g）
- 青椒（切絲）…小顆1顆
- 義大利麵（1.9mm）
  …100g
  粗麵較好吃

（調味料）
- 番茄醬…4湯匙
- 奶油…10g

（炒時）
- 沙拉油…2茶匙

（煮時）
- 水…1L
- 鹽…10g
  濃度約和日式清湯一樣

（收尾）
- 起司粉…少許
- 歐芹（依個人喜好添加）

好吃到難以用言語形容。
也是某些人便當的
必備菜色。

1

煎成褐色 將維也納香腸

用平底鍋熱油，以中火煎維也納香腸，煎時盡量不要翻動香腸。

▼

♔POINT

2

煮至濃稠收乾 將配料和番茄醬

加入洋蔥，炒至微軟。加入番茄醬和蘑菇後將火轉小充分拌炒，炒至番茄醬像配料為止（如此可讓酸味揮發，只保留甜味和鮮味）。

▼

3

奶油和青椒 最後再加入

為了保留奶油的風味以及青椒的口感，因此留到最後再加進去，迅速翻炒一下即可。

▼

4

義大利麵 讓醬汁裹上

用另一個鍋子煮沸鹽水放入義大利麵烹煮。瀝乾後加入❸當中，炒到呈橘色為止。

終極馬鈴薯沙拉

100

RYUJI'S SUPREME COOKING RECIPE

材料
（2人份）

- 培根塊（切丁）…60g
- Ⓐ 馬鈴薯（一口大小）
  …2個（320g）
  洋蔥（切薄片）…小顆1/4顆
  （50g）
  大蒜（切片）…2瓣
  水…3湯匙

（調味料）

- Ⓑ 美乃滋…3又1/2湯匙
  鹽…1/3茶匙
  黑胡椒…不到1茶匙
  砂糖…1茶匙
  味之素…灑6下

（炒時）

- 橄欖油…1茶匙

（收尾）

- 黑胡椒
- 塔巴斯科辣椒醬

（以上可依個人喜好添加）

樸實的外表下，
藏著一流的美味
（有了這道菜就可以一直喝下去）。

1 微波馬鈴薯
將Ⓐ放入耐熱容器中，包上保鮮膜後用微波爐加熱6分鐘。

（不用把水倒掉）

2 將培根煎至酥脆
用平底鍋熱油，以小火炒到逼出培根油脂為止。連培根的油一起加入❶中。

3 拌勻
邊搗碎配料邊攪拌，讓溫度冷卻至體溫溫度左右。最後再加入Ⓑ拌勻。

（熱騰騰時拌入美乃滋容易分離）

- 蛋…7粒 放冰箱冷藏，要用時再取出。
- 柴魚片…2g
- 大蔥（蔥綠部分）…1根的量
- 大蒜（壓碎）…1瓣

調味料

A 醬油…4湯匙
味醂…3湯匙
酒…2又1/2湯匙
砂糖…1又1/2茶匙
味之素…灑7下

100

RYUJI'S SUPREME
COOKING
RECIPE

加入魔法粉末
水煮蛋立刻
美味升級

終極煮蛋

魔法粉末就是「高湯粉」，
只要在味噌湯和茶泡飯加入它
就會很好吃。

1 製作魔法粉末

將柴魚片放入耐熱容器中，不要包保鮮膜，放入微波爐加熱40秒。放涼後，用手指壓碎成粉末狀。

POINT

2 製作醬汁

將❶和Ⓐ放入鍋中煮沸。關火後加入大蔥和大蒜放涼。

3 製作偏半熟的煮蛋

以涼水沖過雞蛋，再煮一鍋滾水，將雞蛋放入鍋中用中火煮7分鐘。冷卻後去殼。

4 蛋不要用煮的，要用浸泡的

將❷放到塑膠袋中，放入❸的蛋壓出空氣，浸泡一晚（最好泡二至三個晚上）。

17

RYUJI'S SUPREME
COOKING
RECIPE

我心目中最好吃的炒飯

終、極炒飯

材料（1人份）

- 豬五花肉片
  （切成米粒大小）…50g
- 蛋（打勻）…2粒
- 大蔥（切末）…5cm
- 生薑（切末）…3g
- 熱白飯…200g

　　調味料

- 鹽…1/2茶匙
- 味之素…灑8下
- 黑胡椒
  …你認為該放的量的3倍
- 酒…1湯匙

　　炒時

- 沙拉油…1又1/2湯匙

　　佐料

- 紅薑（依個人喜好添加）

這道料理的概念是用配料
製作「美味的油」，
再讓飯加以吸收。

1 排列好　先將材料

在工作臺上準備好所有的食材（開始炒配料後，速度就是一切）。

POINT ▼

2 製作美味的油

用平底鍋熱油，在肉片上灑鹽，再以大火炒至黃褐色。將逼出的油脂及肉片分開，並在油中加入生薑。

3 炒蛋及白飯

炒出香氣後依序加入蛋和白飯迅速翻炒。將飯稍微撥鬆，再加入鹽和味之素繼續炒。

4 加入大蔥

加入大蔥，灑上黑胡椒，拌炒至整鍋飯呈鬆散狀為止。

5 加入酒

加入酒後，迅速翻炒（加入一點水分可炒出米飯介於鬆散和溼潤之間的最佳口感）。

終極炸雞

害我現在都不想在居酒屋點這道菜了

100

RYUJI'S SUPREME
COOKING
RECIPE

材料（2人份）

- 雞腿肉（一口大小）…320g
  將較厚的部位切成小塊
- 大蒜（磨泥）…1瓣

調味料

- Ⓐ 醬油…3湯匙多一點
  酒…1湯匙
  味醂…1湯匙
  味之素…灑8下
  肉豆蔻…灑5下
  可以讓香味升級的關鍵調味，
  一定要加。

- 太白粉…大量

油炸時

- 沙拉油…從鍋底算起
  1cm

佐料

- 檸檬…1瓣

1
醃雞肉 在常溫下

將雞肉、大蒜和Ⓐ放入碗中，揉搓均勻，在常溫下放置約20～40分鐘。

♛ POINT

2
煎炸

徹底瀝乾❶的汁液，抹上大量太白粉。在小平底鍋中用偏強的中火熱油去炸（油的量約達肉的高度一半即可）。

肉豆蔻是惡魔的調味料。

3
煮熟雞肉 利用餘溫

煎成玩具貴賓犬的顏色時，取出雞肉放到廚房紙巾上，靜置2～3分鐘利用餘溫煮熟雞肉。

終、極豬肉味噌湯

心想「這不是燉內臟嗎？」的人，你很內行喔！

材料（4～5人份）

- 豬五花肉片（3～4cm寬）
  …280g
- 牛蒡（斜切成薄片）
  …150g
- Ⓐ紅蘿蔔（半月切¹）
  …100g
  白蘿蔔（銀杏切²）
  …200g
  蒟蒻（用湯匙切碎）
  …1包（250g）
  用溫水洗去臭味
- 大蔥（斜切）…1根
  （120g）
- 大蒜（磨泥）…2瓣
- 生薑（磨泥）…10g

（炒時）

- 芝麻油…1湯匙

（調味料）

- 胡椒鹽…少許
- Ⓑ水…1L
  白高湯…4湯匙
  酒…2湯匙
  味醂…2湯匙
  味噌…4湯匙

煮味噌湯時最後再加味噌，
煮豬肉味噌湯時
一開始就加入味噌。

1 將牛蒡炒成褐色

用平底鍋熱油，用中火將斜切的牛蒡炒成褐色。

2 炒其他食材

胡椒鹽與豬肉一起翻炒，炒到變成褐色時，再加入Ⓐ，以中火炒至油滲入所有食材為止。

POINT

3 去燉煮 先加入味噌

加入Ⓑ，先煮滾一次再轉成偏弱的中火，燉煮20分鐘，將配料煮至入味（浮沫是鮮味因此不用撈掉）。

4 最後放入大蔥 加入大蒜和生薑，

最後加入大蒜和生薑煮至入味（避免香氣揮發）。再加入大蔥，燉煮約3分鐘到熟透為止。

---

1 將輪切後的切片切半。

2 將半月切後的切片切半，或者由輪切片切成四等分。

用市售咖哩塊即可完成，最快最讚的滋味。

終、極咖哩

材料（3～4人份）

- 豬邊角肉…300g
- 洋蔥（切薄片）…1顆
  （300g）
- 大蒜（磨泥）…1瓣

調味料

- 鹽…1撮
- 黑胡椒…依個人喜好添加
- 咖哩塊（中辣）…4個
  推薦爪哇咖哩
- Ⓐ 奶油…10g
  砂糖…1茶匙
  伍斯特醬…2茶匙
- 水…600cc

炒時

- 沙拉油…1湯匙

這道食譜會成為全日本的
「我家咖哩的味道」。

1
加熱洋蔥
用微波爐

將洋蔥鋪在耐熱碗中，不要包保鮮膜，加熱3分鐘去除水分（在短時間內做出褐色洋蔥的方法）。

 POINT

2
炒洋蔥

用平底鍋熱油，加入❶，用大火將三到四成洋蔥炒成褐色（用鍋鏟攤開洋蔥去炒→1分鐘後翻面，重複上述步驟）。

3
加入豬肉去炒

轉成中火，加入豬肉，灑上鹽和黑胡椒去炒。炒到肉變色後加入水和大蒜煮滾後關火。

4
加入咖哩塊和調味料

在鍋中加入咖哩塊化開。用中火再煮滾一次後轉成小火，加入Ⓐ攪拌至變稠為止。

YouTube 影片清單

請使用智慧型手機掃描下方QR Code，
即可觀看Ryuji的YouTube料理影片。
（第一次觀看的人可能會被嚇到，請看料理的部分就好）

※用手遮住影片QR Code之外的內容，再將智慧型手機相機對準QR Code比較容易掃描到。

漢堡排

拿坡里肉醬麵

馬鈴薯沙拉

煮蛋

炒飯

炸雞

豬肉味噌湯

咖哩

人們常常給自己施加壓力，要求自己不看食譜也能烹飪，但其實
人類的舌頭並沒有那麼精確，如果光憑個人感覺就會走味。即使
是餐廳，也幾乎看不到僅靠感覺去製作料理的地方。因此，看著
食譜做菜並不可恥，而是代表你做菜非常謹慎。

2

日本
必吃的
新式小菜

不是改變調味，而是用不同「煎法」料理的照燒雞肉、
不加一滴水的「無水」馬鈴薯燉肉、
前所未見「沾醬吃」的大蝦佐美乃滋，
這些滋味將成爲餐桌上的新經典。

入口後一切都「恰到好處」的味覺享受

終、極、南、蠻、炸、雞

材料（1～2人份）

- 雞腿肉（一口大小）…300g
  置於常溫下退冰

調味料

- 胡椒鹽…少許
- 低筋麵粉…2湯匙
- 蛋…1粒

塔塔醬

- 蔥（切末）…1/8顆
- 偏甜的醃黃瓜（切末）…15g
  香味升級的關鍵秘訣，一定要加
- 蛋…1粒
- Ⓐ 美乃滋…3湯匙
  番茄醬…1茶匙多一點
  鹽…1/4茶匙
  黑胡椒…大量

甘醋醬汁

- 洋蔥（切超薄片）…1/8顆
- Ⓑ 醬油…1又1/2湯匙
  砂糖…1又1/2湯匙
  醋…1又1/2湯匙
  番茄醬…1茶匙
  味之素…灑4下

炸時

- 沙拉油…從鍋底算起1cm

加了醃黃瓜的塔塔醬，
帶有香料的香氣，
美味度亦會倍增。
請大家一定要買！

1 快速做出煮蛋

於小平底鍋中加入高約1cm（未記載於食譜中）的水煮沸，打入雞蛋。蓋上蓋子用中火蒸1分鐘，然後翻面再次蓋上蓋子，蒸2分鐘直到蛋黃變硬為止。

2 製作塔塔醬

將❶切碎後加入碗中，與洋蔥（切末）、醃黃瓜、Ⓐ混合均勻（如果不喜歡生洋蔥的辛辣味，可先將洋蔥用水浸泡數分鐘後再使用）。

3 製作甘醋醬汁

將洋蔥（切超薄片）和Ⓑ放入鍋中，用小火燉至變稠收乾。

4 將蛋揉入雞肉中

將雞肉放入碗中，灑上胡椒鹽，抹上低筋麵粉。打蛋並充分搓揉，直到蛋與雞肉均勻混和為止。

5 煎炸

在小平底鍋中用中火熱油，將雞肉煎至兩面皆呈柴犬色。取出雞肉在廚房紙巾上瀝乾油，放置數分鐘利用餘熱煮熟雞肉。將雞肉盛盤，依❸→❷的順序淋上醬汁。

終極薑汁燒肉

「切絲」＋「磨泥」雙重生薑升天啦

材料（1～2人份）

- 薑汁燒肉用豬里肌肉…200g
- 生薑…15g

  最好使用產地日本的生薑比較香

（煎時）
- 沙拉油…1湯匙

（調味料）
- 胡椒鹽…少許
- 低筋麵粉…適量
- Ⓐ 酒…2湯匙

  味醂…2茶匙

  醬油…1又1/2湯匙

  砂糖…1茶匙

  味之素…灑4下

（佐料）
- 高麗菜…依個人喜好添加

1

切好2種生薑

將一半的生薑切成帶皮的薑絲，另一半磨成泥。

2

預先處理豬肉

其中一面灑上胡椒鹽，並將兩面仔細沾上低筋麵粉。

3

煎成褐色

用平底鍋熱油，以大火將豬肉煎成褐色。留下約1湯匙的油，其餘的油用廚房紙巾吸去。

使用炸豬排用的厚實豬肉部位來製作也很美味。

4

加入調味料後煮至濃稠收乾

將火轉至偏弱的中火，加入Ⓐ和生薑，稍微煮一下直到湯汁變稠，讓豬肉充分沾附。

31

完全無視中華料理的基礎常識

終極大蝦佐美乃滋

材料（2人份）

- 白蝦（帶殼）…10隻
  帶殼的蝦比較Q彈好吃

（調味料）

- 鹽…1撮
- 味之素…灑1下
- Ⓐ太白粉…2湯匙
  低筋麵粉…3湯匙
  鹽…1/5茶匙
  蘇打水…4湯匙
  可炸出酥脆麵衣

（美乃滋）

- 美乃滋…4湯匙
  番茄醬…1湯匙
  煉乳…1湯匙
  很好吃，一定要加
  鹽…3撮
  味之素…灑2下
  琴酒（依個人喜好添加）
  …少於1茶匙
  不喝酒的人不用加
- 腰果…3～4個

（炸時）

- 沙拉油…從鍋底算起1cm

（加味）

- 塔巴斯科辣椒醬（依個人喜好添加）

將炸得酥酥脆脆的蝦子
盡情沾滿美乃滋。

 **1** 製作美乃滋

將調製美乃滋的食材充分混合後裝入器皿中。

 2 預先處理蝦子

去掉外殼和腸泥後用鹽和味之素搓揉

（用牙籤剔出腸泥，壓住照片所示的位置拔除尾巴）。

 3 裹上麵衣

將Ⓐ放入碗中攪拌均勻，將處理好的蝦裹上厚厚麵衣。

 4 煎炸

用小平底鍋開中火熱油煎炸蝦子。撈出蝦子放在廚房紙巾上，瀝乾多餘的炸油。

 5 沾美乃滋食用

將腰果壓碎加入❶混合後，即可將❹沾著享用。

終極 照燒雞肉

重要的不是調味，關鍵在於
「煎法」

材料（1～2人份）

・雞腿肉…300g
　置於常溫下退冰

（調味料）

・胡椒鹽…少許

・太白粉…2茶匙

・Ⓐ 醬油…1又1/2湯匙
　　酒…1又1/2湯匙
　　味醂…1又1/2湯匙
　　砂糖…1又1/2茶匙
　　味之素…灑3下

（煎時）

・沙拉油…1茶匙

外皮酥脆，醬汁濃稠。
帶有彷彿炭火烤過一般的焦香。

 1 均勻延展雞肉
用保鮮膜蓋住雞肉，用
酒瓶將雞肉均勻延展
開。再將雞肉兩面抹上
胡椒鹽和太白粉。

 2 將雞皮煎成褐色
用平底鍋熱油，雞皮朝下，
一邊按壓一邊用中火煎。煎
成褐色後擦去多餘的油，翻
面轉小火煎。

 3 加入調味料
加入攪拌均勻的Ⓐ，
適時將醬汁澆淋在肉
的表面上，煮至醬汁
變稠收乾為止。

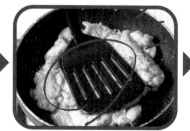

用法式麥年風煎出連皮
都好吃的鰤魚

終極照燒鰤魚

材料（1人份）

- 鰤魚…2片（160g）

調味料

- 鹽…1撮
- 低筋麵粉…適量
- Ⓐ醬油…1湯匙
  酒…1湯匙
  味醂…1湯匙
  砂糖…1又1/2茶匙
  味之素…灑2下

煎時

- 沙拉油…1又1/2茶匙

收尾

- 生薑（切絲）…5g

口感酥脆、鬆軟
且入口即化的照燒魚

 1 預先處理鰤魚
在鰤魚上灑鹽，抹上一層薄薄的低筋麵粉。

 2 煎至酥脆
用平底鍋開中火熱油，以中火將鰤魚兩面煎成褐色。

 3 加入調味料
加入混合好的Ⓐ，煮至濃稠收乾為止。

35

終極回鍋肉

稱霸高麗菜界的
極致美味料理

100
RYUJI'S SUPREME
COOKING
RECIPE

材料（1～2人份）

- 豬肩里肌肉薄片
  （切成3等分）…250g
- 青椒（縱切成4塊）…3顆
  （120g）
- 高麗菜（切片）…1/4顆
  （200g）
- 大蔥（斜切）…1/2根
  （50g）
- 大蒜（切粗末）…1瓣

（炒時）

- 沙拉油（第一次）…1湯匙
- 沙拉油（第二次）…1湯匙

（調味料）

- 鹽…2撮
- 黑胡椒…依個人喜好添加
- 太白粉…4茶匙
- 豆瓣醬…1湯匙
- 甜麵醬…2湯匙
- Ⓐ 酒…2湯匙
  醬油…2茶匙
  味之素…灑3下

依照這道料理的下飯程度，
總之先煮三杯米就對了。

1
預先處理豬肉

在豬肉上灑上鹽和胡椒，用太白粉仔細搓揉。

2
把蔬菜裹上一層油

用平底鍋熱油，以大火炒2～3分鐘，將青椒和高麗菜稍微炒軟後，先取出備用。

3
炒肉

於平底鍋中再次加入熱油，將豬肉鋪開放入，用中火煎成褐色。加入大蔥和大蒜繼續炒。

4
拌炒 全部混在一起

炒出香氣後，加入豆瓣醬，迅速翻炒一下。將❷放回鍋中，加入甜麵醬，和配料一起充分拌炒。最後加入Ⓐ拌勻收尾。

致超想吃Q彈蝦仁的你

終極乾燒蝦仁

雖然材料多、製作又費工，
但成品絕對好吃，
保證不後悔。

材料（1人份）

- 白蝦（帶殼）…10隻
- 大蒜（切末）…1瓣
- 生薑（切末）…5g
- 大蔥（切粗末）…1/4根

蛋液

- 蛋…2粒
- Ⓐ 水…1湯匙
  胡椒鹽…少許

調味料

- Ⓑ 太白粉…略少於2湯匙
  酒…1湯匙
  胡椒鹽…少許
- Ⓒ 豆瓣醬…1湯匙
  番茄醬…2湯匙
  中華調味料（膏狀）
  …1/4茶匙
  水…120cc
- Ⓓ 砂糖…1茶匙
  酒…2茶匙
  胡椒鹽…少許
- Ⓔ 太白粉…1又1/2茶匙
  水…1湯匙
- Ⓕ 沙拉油…1茶匙
  醋…略少於1茶匙

炒時

- 沙拉油（第一次）…1湯匙
- 沙拉油（第二次）…2茶匙
- 沙拉油（第三次）…2茶匙

---

1 製作蛋液

將雞蛋和Ⓐ放入碗中攪拌均勻。

2 預先處理蝦子

去掉外殼和腸泥。拿另一個碗，將蝦子、❶的蛋液1湯匙、Ⓑ加入碗中搓揉均勻。

3 製作半熟蛋

用平底鍋熱油，以偏強的中火迅速炒一下剩餘蛋液。炒至半熟後立刻自鍋中取出裝盤。

4 煎蝦

用空平底鍋熱油，以偏強的中火炒❷。炒到表面呈金毛獵犬色時自鍋中取出備用。

5 拌炒 全部混在一起

用空平底鍋熱油，以小火炒大蒜和生薑。炒出香氣後，加入Ⓒ煮滾。再加入Ⓓ和大蔥，將蝦放回鍋中。加入混合好的Ⓔ勾芡增稠後，繞圈淋上Ⓕ再迅速拌一下。

終、極、麻婆豆腐

入口先嚐甜，竄入鼻腔的辣隨之加疊上來

100

RYUJI'S SUPREME
COOKING
RECIPE

材料（2～3人份）

- 豬絞肉…100g
- 大蒜（切末）…2瓣
- 嫩豆腐（切丁）…300g
- 大蔥（切末）…1/2根

（炒時）

- 沙拉油…1湯匙

（調味料）

- Ⓐ 豆瓣醬…1湯匙
  甜麵醬…1湯匙
  辣油…2茶匙
  不吃辣的人可換成芝麻油
- 水…200cc
- 中華調味料（膏狀）
  …略少於1茶匙
- Ⓑ 醬油…1又1/2茶匙
  酒…1湯匙
  胡椒…適量
- Ⓒ 太白粉…1湯匙
  水…2湯匙

（收尾）

- 鹽…1撮
- 辣油…依個人喜好添加
- 山椒…依個人喜好添加

味道只略遜中國的媽媽們
做出的味道，
但是全日本最好吃的麻婆豆腐。

1 炒成褐色　將絞肉
用平底鍋熱油，以中火翻炒絞肉，炒至絞肉兩面完全變成褐色。

2 製作肉醬
將火轉小再加入大蒜。炒出香氣後，將Ⓐ依序加入鍋中炒勻後關火（甜麵醬容易焦，故要先將豆瓣醬炒到一個程度後再加）。

3 煮豆腐
將豆腐用另一個平底鍋水煮2分鐘（口感會變得超級好吃）。

4 和肉醬混合
將瀝乾水分的❸和食譜中指定份量的水加入❷中，煮至沸騰。加入中華調味料化開，再加入大蔥。

5 勾芡增稠　全部混合後
將火轉至偏弱的中火，加入Ⓑ煮滾之後，再加入混合好的Ⓒ去勾芡增稠。試試味道，不夠鹹再加鹽，最後可繞圈灑上辣油和山椒即成。

41

想讓可羅吃到不輸給專業肉店可樂餅的滋味

終極可樂餅

材料（2人份）

- 馬鈴薯（一口大小）…3顆
  （300g去皮）
- 水…2又1/2湯匙
- 牛豬混合絞肉…80g
- 洋蔥（切末）…小顆1/4顆
  （50g）

【調味料】

- 胡椒鹽…少許
- 奶油…15g
- Ⓐ 砂糖…1湯匙
  醬油…1又1/2湯匙
  味之素…灑5下

【炸時】

- 低筋麵粉…適量
- 蛋…1粒
- 麵包粉…適量
- 沙拉油…從鍋底算起1cm

【收尾】

- 中濃醬…依個人喜好添加

【加味】

- 和風芥子
- 塔巴斯科辣椒醬
（以上依個人喜好添加）

可樂餅做起來
真不是普通麻煩，
吃的時候記得
好好感謝下廚的人。

1 用微波爐加熱馬鈴薯

將馬鈴薯和水放入耐熱容器中，寬鬆地包上一層保鮮膜，用微波爐加熱6分30秒。

2 製作鹹甜絞肉

用平底鍋加熱奶油，在絞肉上灑上胡椒鹽用中火去炒。待絞肉變色後，加入洋蔥繼續炒。洋蔥炒至透明時，加入Ⓐ，煮至水分收乾為止。

3 成型

將❷加入❶中，邊攪拌邊搗碎馬鈴薯。將其平鋪於鋁製調理盤上放涼。分成四等分，捏成橢圓形。

4 煎炸

依序裹上低筋麵粉→蛋液→麵包粉。用小平底鍋轉成偏弱的中火熱油，迅速煎炸一下（因為裡面已經熟了，因此煎到變色即可）。

終極馬鈴薯燉肉

一滴水都不必加

材料
（2～3人份）

- 豬五花肉片（切成四等分）…250g
- Ⓐ 馬鈴薯（一口大小）…3顆
  （400g）
  紅蘿蔔（小塊滾刀塊）…2根
  （300g）
  洋蔥（切薄片）…1顆（250g）
  蒟蒻絲（用剪刀剪好）
  …1袋（200g）用溫水洗去臭味
- 生薑（切絲）…15g

（煎時）

- 芝麻油…1又1/2湯匙

（調味料）

- 胡椒鹽…少許
- Ⓑ 砂糖…2湯匙
  醬油…4湯匙（60cc）
  白高湯…2湯匙
  酒…6湯匙（90cc）

（加味）

- 和風芥子
- 塔巴斯科辣椒醬
  （以上依個人喜好添加）

放涼一次再加熱
會更入味

 1 **將豬肉炒成褐色**
以平底鍋熱油，加入
灑了胡椒鹽的豬肉用
中火炒。

2 **加入其他配料去炒**
加入Ⓐ，炒數分鐘讓油
均勻裹上所有食材。

3 **加入調味料**
加入生薑和Ⓑ，蓋上蓋子
用偏弱的中火加熱，適時
攪拌，燉煮25分鐘。

保證2小時就能做出
完美口感

終極角煮

1 先將豬肉煮過

於鍋中加入水與鹽煮沸。放入切成大小適中的豬肉，蓋上蓋子以偏弱的中火煮1小時。取出豬肉，並保留200cc煮豬肉的水。

2 燉煮豬肉和蛋

將煮蛋放入空鍋中排好，加入豬肉、煮豬肉的水200cc、Ａ及生薑。以偏弱的中火加熱，不要蓋上蓋子，燉煮1小時至水量收乾剩約1/3為止。

材料（方便製作的量）

- 五花肉塊…600g
  選擇半肥半瘦的部位
- 生薑（切絲）…20g
- 煮蛋（煮至全熟）…4粒

煮時
- 水…1L
- 鹽…略少於1茶匙

調味料
- Ａ 水…200cc
  酒…150cc
  砂糖…5湯匙
  醬油…3湯匙
  白高湯…4茶匙

加味
- 和風芥子（依個人喜好添加）

用煮豬肉剩下的水做成鹽味拉麵湯底，味道絕佳。

比小籠包還燙口的肉汁炸彈

終、極日式煎餃

一定要試試看蛋黃沾醬，
吃下去會讓人感覺到
活著真好。

材料（10顆份）

- 豬絞肉…180g
- 牛脂（切碎）…1顆
- 白菜（切末）…120g
- 韭菜（切小段）…1/2把
  （50g）
- 生薑（磨泥）…5g
- 煎餃皮（大）…10張

調味料

- 鹽…1/4茶匙
- Ⓐ 吉利丁粉…2茶匙
  - 為了肉汁，一定要加
  - 酒…1湯匙
  - 醬油…1茶匙
  - 蠔油…2茶匙
  - 芝麻油…1又1/2茶匙
  - 中華調味料（膏狀）
    …1/2茶匙
  - 黑胡椒…依個人喜好添加

煎時

- 沙拉油…1又1/2茶匙
- Ⓑ 水…70cc
  - 麵粉…1茶匙
- 芝麻油…1又1/2茶匙

醬油沾醬

- 醬油…1湯匙
- 醋…1湯匙
- 味之素…灑1下
- 辣油…依個人喜好添加

蛋黃沾醬

- 蛋黃…1粒的量
- 味之素…灑1下
- 醬油…少許

1 製作內餡

將白菜放入碗中，灑鹽並充分揉搓均勻。出水的水分不要倒掉，加入豬絞肉、牛脂、韭菜、生薑及Ⓐ，攪拌到產生黏性為止。

2 包成富士山的形狀

用水沾濕煎餃皮邊緣，包入內餡（褶出兩摺即可）。

3 煎得酥酥脆脆

將油倒入一個小平底鍋中，先將煎餃的底部貼著鍋底壓緊排列好，再開中火煎成褐色。

4 蒸出冰花

繞圈加入混合後的Ⓑ再蓋上蓋子。蒸至水快沒了之後，於整鍋上方繞圈灑上芝麻油。當冰花的末端開始變色時，用鍋鏟將煎餃和鍋底分離，一邊輕晃平底鍋，將煎餃煎至邊緣變成褐色為止。

終、極、肉丸

加了義大利麵後，彷彿一秒身在卡里奧斯特羅城

材料（2～3人份）

[肉丸]

・牛豬混合絞肉…350g
　洋蔥（切末）…1/2顆
　（120g）
　大蒜（磨泥）…2瓣
　蛋…1粒
　麵包粉…15g
　高湯粉…1茶匙
　肉豆蔻…1/4茶匙
　胡椒鹽…少許

[煎時]

・橄欖油…1又1/2湯匙

[番茄醬汁]

・Ⓐ洋蔥（切末）…1/2顆
　（120g）
　大蒜（切粗末）…2瓣
・胡椒鹽…少許
・Ⓑ番茄罐頭（整顆）…1/2罐
　（200g）
　高湯粉…1茶匙

[收尾]

・橄欖油…依個人喜好添加

用肉丸流出的油脂，
直接做成
富含鮮味的醬汁。

1 製作肉丸

將肉丸的食材放入碗中，攪拌均勻至產生黏性為止。將絞肉捏成比乒乓球稍大的球狀。

2 將肉煎成褐色

用平底鍋熱油，將❶以偏強的中火煎。待肉丸成褐色時先取出備用。

3 製作番茄醬汁

將Ⓐ放入空平底鍋中，加入胡椒鹽，用中火去炒。待洋蔥炒至透明時，加入Ⓑ，煮至嚐起來甜而不酸呈濃稠狀為止。

4 混合肉丸和醬汁

番茄醬汁的水分收得差不多時，將❷放回鍋中迅速和醬汁攪拌一下。最後繞圈淋上橄欖油即大功告成。

4　1979年上映的《魯邦三世》動畫電影中出現的城堡名。

終極番茄燉雞

番茄與日本酒的搭配組合

100

RYUJI'S SUPREME
COOKING
RECIPE

材料（2～3人份）

- 雞腿肉（切成邊長2
  ～3cm的丁）
  …350g
- 茄子（滾刀塊）
  …3根（180g）
- 洋蔥（切薄片）
  …1/2顆（120g）
- 大蒜（切片）…3瓣
- 番茄罐頭（整顆）
  …1罐（400g）

〔 煎 時 〕

- 橄欖油…1又1/2湯匙
- 胡椒鹽…少許
- 鹽…1撮

〔 燉煮時 〕

- Ⓐ高湯粉…1湯匙
  砂糖…2茶匙
  奧勒岡葉
  …不到1茶匙
  酒…50cc
  若加紅酒會偏酸

〔 收尾 〕

- 鹽
- 黑胡椒
- 橄欖油
  （以上依個人喜好添
  加）

1 將雞肉煎成褐色

用平底鍋熱油，將灑了胡椒鹽的雞肉皮朝下放入鍋中以中火煎。當雞肉煎成褐色時，從鍋中取出備用。

2 炒蔬菜

加入大蒜至空平底鍋中，用中火炒出香氣後，依序加入茄子和洋蔥，灑上鹽，炒到蔬菜變軟為止。

3 加入番茄罐頭燉煮

把肉放回鍋中，加入罐裝番茄，以偏強的中火壓碎番茄煮到滾。加入Ⓐ，蓋上蓋子，以偏強的小火燉煮30分鐘。試試味道後，加入鹽和黑胡椒調味，再加入橄欖油整鍋攪拌均勻。

用義大利麵去沾裹
剩下的醬汁，
好吃到讓人想舔盤子。

終極牛排

享用進口肉類 最美味的吃法

搭配帶有威士忌香氣的
和風洋蔥醬

材料（1人份）

- 沙朗牛排肉（1.5cm厚）
  …200g
  置於常溫下退冰

（配菜）

- 馬鈴薯（一口大小）
  …1/2顆（75g）
- 紅蘿蔔（滾刀塊）
  …1/3根（50g）
- 青花菜…3朵
- 鹽…2撮
- 水…少許
- 橄欖油…依個人喜好添加

（調味料）

- 鹽…依個人喜好添加
- 黑胡椒…大量

（醬汁）

- Ⓐ 洋蔥（磨泥）
  …小顆1/4顆（50g）
  大蒜（磨泥）…1瓣
  醬油…1又1/2湯匙
  味醂…1又1/2湯匙
  威士忌（帝王Dewar's）
  …1又1/2湯匙
  味之素…灑4下
- 奶油…10g

（煎時）

- 牛脂…1塊

（收尾）

- 黑胡椒…依個人喜好添加

1 製作配菜

將馬鈴薯和紅蘿蔔放入耐熱容器中，灑上水和鹽，包上保鮮膜後用微波爐加熱1分半。加入青花菜，再加熱1分鐘。瀝乾水分並用鹽調味，然後拌入橄欖油（加熱到牙籤可輕易穿透即可）。

2 預先處理牛肉

以2cm的間隔，在瘦肉和肥肉交界處兩側的筋切出刀痕。將牛排兩面灑上鹽和黑胡椒調味。

3 製作醬汁

將Ⓐ放入小平底鍋中，以偏弱的中火加熱。水分收乾後加入奶油，待奶油融化後關火。

4 煎牛肉

以偏強的中火加熱另一個平底鍋，將牛脂融化。放入牛排，轉大火煎1分半，翻面再煎1分鐘（此時中央仍是三分熟）。

 POINT

5 利用餘熱煮熟

取出牛排用鋁箔紙包好，再包上毛巾靜置1～2分鐘。同時，將❸的醬汁移到❹的平底鍋中，一邊將肉的鮮味融入醬汁中，一邊重新加熱。

終極味噌醃豬肉

不論用來醃肉或魚都好吃的味噌醃料

材料
（3人份）

100
RYUJI'S SUPREME
COOKING
RECIPE

・豬肩里肌肉3片…（1片120g）

醃味噌
・Ａ 大蒜（磨泥）…1瓣
　砂糖…1湯匙
　酒…1湯匙
　味醂…1湯匙
　味噌…3湯匙
　味之素…灑3下

煎時
・芝麻油…2茶匙～1湯匙

收尾
・蘿蔔嬰…依個人喜好添加
・七味粉…依個人喜好添加

喜歡吃辣的人
可減少味噌量，改拌入
豆瓣醬也很好吃。

1 製作味噌醬
將Ａ放入碗裡，充分攪拌均勻。

2 用味噌醃漬豬肉
參照第53頁的方式切斷豬肉的筋。豬肉兩面塗抹上❶，置於常溫下醃1小時。

3 煎豬肉
用平底鍋熱油，將（帶有味噌的）❷用偏弱的中火煎成褐色後，再翻面煎2～3分鐘。

終極泡菜炒豬肉

100
RYUJI'S SUPREME
COOKING
RECIPE

材料
（1～2人份）

- 豬邊角肉…160g
  若用豬五花油脂會太肥
- 洋蔥（邊長不到1cm）
  …小顆1/4顆（50g）
- 泡菜…160g
  日本國產泡菜又甜又好吃
- 大蒜（磨泥）…1/2瓣

（煎時）
- 芝麻油…1湯匙

（調味料）
- 鹽…少許
- 低筋麵粉…4茶匙
- Ⓐ 砂糖…1茶匙
  醬油…1茶匙
  酒…1湯匙

supreme pork
kimchi.

---

1 預先處理豬肉
在豬肉上灑鹽，裹上低筋麵粉，將每一片肉片搓揉均勻。

2 將豬肉煎成褐色
用平底鍋熱油，開中火炒豬肉。待豬肉炒成褐色，再加入洋蔥，炒到變軟為止。

3 全部混合一起拌炒
加入泡菜、大蒜、Ⓐ一起炒。炒到水分揮發得差不多後關火。

不要用熱水煮！
不要用水沖洗！

終、極
涼拌豬肉

材料（1～2人份）

- 豬里肌肉片（切成2等分）…120g
- 豬五花肉片（切成2等分）…120g
  測測鍋用的五花肉片太薄不適合
- 萵苣（用手撕）…2片

紅葉泥
- 蘿蔔（磨泥）…6cm
- 辣油…2茶匙
  不吃辣的人可將一半的量換成芝麻油

芝麻醬汁
- Ⓐ 大蒜（磨泥）…1/2瓣
  生薑（磨泥）…5g
  砂糖…1湯匙
  醋…1湯匙
  醬油…1又1/3湯匙
  芝麻油…1又1/3湯匙
  芝麻醬…2湯匙多一點
  味之素…灑2下

下鍋汆燙時
- 水…1L
- Ⓑ 生薑（磨泥）…5g
  中華調味料（膏狀）…1又2/3茶匙

1 製作芝麻醬汁及紅葉泥

將Ⓐ混合製成芝麻醬。將白蘿蔔泥與辣油混合製成紅葉泥。

2 用中華湯底汆燙肉片

燒一鍋滾水，加入Ⓑ。將豬肉一片一片展開後放入鍋中，待肉變白時（約35秒），立即起鍋放到鋁製調理盤放涼。

POINT

3 利用放冷凍急速降溫

將肉片包上保鮮膜，放冰凍庫中冷卻10分鐘（如果用流水沖，所有的鮮味都會流失掉）。

芝麻醬汁的滋味濃郁又下飯。
紅葉泥可拌入
市售的柑橘醋醬油。

終、
極
青
椒
炒
肉
絲

100

RYUJI'S SUPREME
COOKING
RECIPE

材料
（2～3人份）

- 豬邊角肉（肉絲）
  …250g
- 水煮竹筍（切絲）
  …150g
- 青椒（切絲）
  …小顆5顆（120g）
- 生薑（切絲）…10g
- 大蒜（切粗末）…1瓣
- 蛋…1粒

（調味料）

- Ⓐ太白粉…5茶匙
  酒…2茶匙
  鹽…2撮
  黑胡椒…大量
- Ⓑ蠔油…1又1/2湯匙
  醬油…1湯匙
  砂糖…2茶匙
  味之素…灑6下

（煎時）

- 沙拉油（第一次）
  …1又1/2湯匙
- 沙拉油（第二次）
  …1又1/2湯匙

1
將蛋揉入豬肉中

將豬肉重疊切絲。將豬肉、蛋、Ⓐ放入碗中，搓揉均勻直到蛋液完全滲入肉中。

2
先單獨炒蔬菜

用平底鍋熱油，以中火迅速炒一下竹筍。當油均勻裹上竹筍後再加入青椒，炒約1分鐘後自鍋中取出備用。

3
炒豬肉

再次用空的平底鍋熱油，將❶倒入鍋中，一邊撥開一邊用中火去炒。

4
全部混合一起拌炒

當肉已炒至八分熟，將❷放回鍋中，加入生薑和大蒜用小火翻炒。炒出香味後加入Ⓑ，用大火炒去水分。

POINT

做中華料理時，用油不要吝嗇。這裡示範了如何在家重現中華料理的「過油」手法。

5　Cook Do® 味之素出的中華調味料。

終極黑醋糖醋肉

在自家餐桌享用
高級中菜館等級的菜色

材料（1～2人份）

- 豬里肌肉…350g
- 蛋…1粒
- 胡椒鹽…少許
- 太白粉…3湯匙

（炸時）

- 太白粉…適量
- 沙拉油…從鍋底算起1cm

（芝麻醬汁）

- 大蒜（切粗末）…1瓣
- Ⓐ 黑醋…3湯匙
  醬油…2湯匙
  砂糖…2湯匙
  味醂…1又1/2茶匙
  味之素…灑5下
- Ⓑ 太白粉…1/2茶匙
  水…1湯匙
  芝麻油…1茶匙

（炒時）

- 沙拉油…1茶匙

（收尾）

- 大蔥…1/3根（40g）
  切細絲後泡水備用

享受肉的鮮味和黑醋香氣，
屬於大人滋味的糖醋肉。

1 預先處理豬肉

將豬肉其中一面先切出格子狀的刀痕（按右斜→左斜的順序入刀），再切成2cm寬。

👑 POINT

2 將蛋和太白粉揉入豬肉

將加了胡椒鹽的豬肉和蛋放入碗中，搓揉均勻直到蛋完全滲入肉中，再加入太白粉搓揉均勻。

3 炸豬肉

在小平底鍋中熱油，在❷的豬肉表面裹上更多的太白粉，再用中火去炸。炸好後放到金屬網架上瀝油。

4 製作醬汁

在另一個平底鍋中熱油，用小火將大蒜炒出香氣後，加入Ⓐ再轉中火煮滾。加入混合後的Ⓑ去勾芡增稠。

5 混合醬汁與豬肉

將❸放回鍋中，迅速裹上醬汁。

南蠻炸雞	薑汁燒肉	大蝦佐美乃滋	照燒雞肉	照燒鰤魚
				coming soon

回鍋肉	麻婆豆腐	可樂餅	馬鈴薯燉肉	角煮

日式煎餃	肉丸	番茄燉雞	牛排	味噌醃豬肉

泡菜炒豬肉	涼拌豬肉	青椒肉絲	黑醋糖醋肉

之前有人說「去皮燒賣」這道菜不管怎麼看都是肉丸，一時蔚為話題，我覺得這個想法挺不錯的。除了調味吃起來像燒賣之外，最重要的是，讓人產生了想做做看「去皮燒賣」的想法。這就好比醬燒炒麵雖然怎麼看都像沒有炒過，但如果當初叫做「拌醬杯麵」，就絕對不可能大賣的道理一樣，食材命名搭配也是調味料的一種呢。

3

簡單的
主力級菜色
超級實用配菜

讓人想整碗吃光光的義大利麵沙拉、
只要改變炒菜順序就能變得可口的炒蔬菜、
清盤速度竟然能超越主菜的平凡配菜，
本章將為大家介紹簡單直接的終極食譜。

100

RYUJI'S SUPREME
COOKING
RECIPE

材料（2人份）

- 高麗菜（切絲）
  …1/4（200g）
- 紅蘿蔔（切絲）
  …1/2根（50g）
- 玉米罐頭（整顆）…1/2罐
- 大蒜（磨泥）…1/3瓣

調味料

- 鹽…1/3茶匙
- Ⓐ 美乃滋…3湯匙
  檸檬汁…1茶匙
  砂糖…1茶匙
  黑胡椒…大量
  味之素…灑6下

收尾

- 黑胡椒
- 歐芹

（以上依個人喜好添
加）

1 擠乾高麗菜和
紅蘿蔔的水分

將高麗菜、紅蘿蔔和鹽放入篩
網中充分搓揉，放置數分鐘後
徹底擠乾水分。

2 全部混合拌勻

加入瀝乾的玉米、大蒜和Ⓐ，
充分攪拌均勻。

終極涼拌高麗菜

就算爽快地用掉整顆
春季高麗菜也絕不會後悔。

發揮你的極限握力，
將水擠光光就對了！

材料
（方便製作的量）

- 蛋…1粒
- 大蒜（磨泥）
  …些許（小指尖左右大小）

[調味料]

- Ⓐ 鹽…1/2茶匙
  味之素…灑4次
  白胡椒…灑5次 若沒有可改用黑胡椒
  檸檬汁…1/4顆的量
  （檸檬汁2茶匙）
- 米糠油…140cc

⭐1 將材料
用攪拌棒打勻

將蛋、Ⓐ、大蒜加入
大碗中用攪拌棒攪打
均勻（使用尺寸過小的
碗可能無法打勻）。

⭐2 將材料
用攪拌棒打勻

將米糠油拉成細線慢
慢倒入碗中，一邊用
攪拌棒打成近似流動
卡士達醬的質地。

👑 POINT ▼

由於酸味較少，
更能襯托出食材滋味。

只需3分鐘就可做出
頂級醇厚奶油醬

美乃滋
終極

好吃到深怕被草食動物
發現的美味配菜

終
極
沙
拉

100

RYUJI'S SUPREME
COOKING
RECIPE

材料（方便製作的量）

（沙拉醬）

- 大蒜（切粗末）…1瓣
- Ⓐ 洋蔥…35g
  紅蘿蔔…35g
  蒜…1瓣（4g）
- 蛋（L號）…1粒
- Ⓑ 芝麻醬…4湯匙
  （15g）
  醬油…55cc
  味之素…略少於1茶匙
- 米糠油…210cc
  是一款適合生食的油
- 白胡椒
  …依個人喜好添加
  若沒有可改用黑胡椒

（沙拉）

- 萵苣…1/2顆
- 鴻喜菇…1包

（煎時）

- 橄欖油…2茶匙
- 鹽…1撮

1
加入攪拌機拌勻
將蔬菜和蛋

將Ⓐ切成適中的大小，放入手拉式多功能碎末器（攪拌機）中。打入蛋，攪拌到呈醬汁狀。

2
加入調味料後拌勻

加入Ⓑ，用手拉式多功能碎末器攪拌。一點一點地加入米糠油去攪拌（為了避免分離），重複上述步驟。攪到變稠時，加入白胡椒粉拌勻（步驟2也可放入碗中使用攪拌棒拌勻）。

3
製作沙拉

將萵苣切成一口大小後浸泡於冷水中。當葉片變得清脆後，徹底瀝乾水分（建議使用沙拉脫水器）。把鴻喜菇倒入熱好油的平底鍋中，灑鹽迅速翻炒一下。

雖然放冷藏
可以保存好幾天，
但因為太好吃了
馬上就會被掃光。

終極

義大利麵沙拉

顆粒芥末混和風芥子的和洋折衷風格

把它歸類在配菜
實在不好意思，
這道其實是主菜呢。

材料（2人份）

- Ⓐ 黃瓜（輪切）
  …1/2根（40g）
  洋蔥（切薄片）
  …小顆1/4顆
  （50g）
- 培根（切絲）…40g
- 義大利麵
  （1.4mm）…100g
- 蛋…1粒

調味料

- 鹽…2撮
- 黑胡椒…大量
- Ⓑ 美乃滋…3湯匙
  番茄醬
  …1又1/2茶匙
  高湯粉…2/3茶匙
  顆粒芥末…1茶匙
  和風芥子…3cm
  這兩者絕對要加！

煮時

- 水…1L
- 鹽…10g

收尾

- 黑胡椒
- 歐芹
  （以上依個人喜好添
  加）

加味

- 醋
  塔巴斯科辣椒醬
  （以上依個人喜好添
  加）

1 擠乾 將蔬菜的水分

將Ⓐ放入碗中，灑上鹽，攪拌均勻，靜置數分鐘後充分擠乾水分。

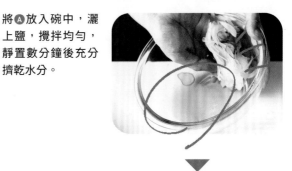

2 炒培根

將培根放入平底鍋中煎成褐色。加入❶並灑上黑胡椒。

POINT

3 義大利麵和蛋 同時煮

煮沸一鍋鹽水，將義大利麵對折後放入水煮。起鍋前2分30秒打入雞蛋，製作半熟的水波蛋。將蛋取出放入❷的碗中，而義大利麵則是倒入篩網徹底瀝乾水分（也可以單獨製作煮蛋）。

4 全部混合拌勻

趁熱加入義大利麵，然後加入Ⓑ並攪拌均勻（就算在義大利麵還熱呼呼時攪拌，美乃滋也不會分離）。

終極 南瓜沙拉

培根、蛋與南瓜
的混搭

材料
（2人份）

- 南瓜…1/4個（300g未去皮）
- 培根（切絲）…40g
- 洋蔥（切薄片）…1/4顆（60g）
- 大蒜（磨泥）…1/2瓣
- 蛋…2粒

炒時

- 奶油…10g

調味料

- Ⓐ 美乃滋…3湯匙
  醋…1茶匙
  黑胡椒…依個人喜好添加
  鹽…1/3茶匙
  味之素…灑7下

這是最輕鬆
簡單的作法

 微波加熱南瓜

包上保鮮膜，用微波爐加熱5分鐘（翻面時注意不要燙傷）。

 製作培根蛋

在平底鍋中加熱奶油，用中火將培根炒至酥脆。打入雞蛋，加入洋蔥，蓋上蓋子，煎出質地偏硬的荷包蛋。

 全部混合拌勻

將❶搗碎放涼，加入❷攪拌均勻，放入冰箱冷卻5～10分鐘。加入大蒜和Ⓐ，再進一步加以拌勻。

終極醃烤茄子

入喉綿軟滑順

材料（2～3人份）

- 茄子…3根（240g）
- 生薑（切絲）…5g

（煎時）
- 沙拉油…2湯匙

（調味料）
- Ⓐ 水…160cc
  醬油…1湯匙
  白高湯…1湯匙
  酒…1湯匙
  味醂…3湯匙

> 只有茄子竟然也能
> 這麼好吃？

 1　預先處理茄子

切去蒂頭後縱切成一半，再切出格子狀的刀痕（按右斜→左斜的順序入刀）。

 2　煎成褐色

在小平底鍋中加入油和生薑，以中火加熱。當油開始滋滋作響時，轉成偏弱的中火，放入❶，帶皮側朝下煎3分鐘後，再翻面煎2～3分鐘。

 3　加入調味料

加入Ⓐ，用大火煮滾後轉成偏弱的中火煮6～7分鐘（水若不夠可以適時添加）。關火後蓋上蓋子燜5分鐘。

終極炒牛蒡絲

加入起司粉，意想不到的驚奇吃法

100

RYUJI'S SUPREME
COOKING
RECIPE

材料（2～3人份）

調味料

• 鹽…1撮
• ⓐ 砂糖…1又1/2茶匙
　醬油…1湯匙
　白高湯…1湯匙
　酒…1又1/2湯匙
　味醂…1又1/2湯匙
　鷹爪辣椒（輪切）…1根
• 白芝麻…1又1/2湯匙

• 牛蒡（切絲）…150g
• 紅蘿蔔（切絲）…150g

煎時

沙拉油…1湯匙

選用沒有香氣的油較佳

收尾

• 起司粉…依個人喜好添加

就當作是被騙，加一次試試吧

1

切菜

牛蒡皮如果削得太厚，會導致香氣不足，因此只要用捲起來的鋁箔紙稍微擦去外層即可。

不用再加芝麻油，請純粹地享受牛蒡本身的香氣。

2

炒菜

用平底鍋熱油，加入牛蒡和紅蘿蔔，灑鹽後再以中火炒到變軟為止。

3

加入調味料收乾

加入ⓐ去炒，待水收乾，將火轉小再灑上白芝麻（灑時用兩根手指搓揉，可提升芝麻香氣）。

終極
高湯蛋捲

幾乎像是茶碗蒸做法，
把水加好加滿

材料（1人份）

・蛋（L號）…2粒

〔調味料〕

・Ⓐ水…50cc
　白高湯…1湯匙
　砂糖…1撮
　鹽（依個人喜好
　添加）…1撮

〔煎時〕

・沙拉油
　…1又1/2茶匙

〔收尾〕

・紫蘇葉
・白蘿蔔泥
　（以上依個人喜好添
　加）

別太介意油量，
是蛋捲能煎得漂亮的
秘訣。

1 製作蛋液
將雞蛋打入碗中，打到約8～9分均勻（感覺還剩下少許蛋白）即可。加入Ⓐ並攪拌均勻。

2 煎蛋
使用玉子燒鍋以中火熱油，倒入足以覆蓋整個鍋底的蛋液。蛋液凝固後，將蛋皮從另一端朝自己的方向捲起。

3 一邊加油一邊捲
將蛋液分成4～5等分，分批倒入鍋中，越薄越好，再一層一層捲起。當油不夠時，可每次添加一點油進去（未記載於食譜中）。

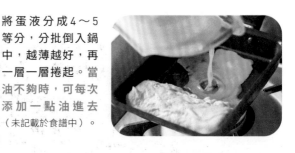

4 用保鮮膜包起成型
放到保鮮膜上包起來調整形狀。

終極 醯漬金針菇

下飯又下酒 × 最強常備菜

加了山椒後，
小心很快就會喝得
酩酊大醉喔。

材料（方便製作的量）

- 金針菇（切成3等分）
  …1袋（200g）
- 鹽昆布…10g
  加了鮮味會完全不同，一定
  要加

調味料

- B 砂糖…2茶匙
  醬油…2又1/2湯匙
  酒…2湯匙
  味醂…2湯匙
- 醋…1湯匙

加味

- 山椒（依個人喜好添加）

1

將食材煮至收乾

將弄散的金針菇、A、鹽、昆布放入平底鍋中，用中火炒至收乾。當開始變濃稠且水分變少時，將火力轉小，並加入醋迅速混合拌勻。

終極韓式涼拌豆芽

原來關鍵就是差在這一味！

材料（方便製作的量）

• 豆芽菜…1袋（200g）

〔調味料〕

• Ⓐ 鹽…1/3茶匙
　砂糖…1/3茶匙
　芝麻油…2茶匙
　魚露…1/3茶匙
　加了會變很好吃，一定要加
　味之素…灑6下

〔收尾〕

• 白芝麻
　（依個人喜好添加）

可以用同樣的方式
製作涼拌菠菜

---

 1 微波加熱豆芽菜
包保鮮膜後用微波爐加熱2分40秒。

2 冷卻後擠乾水分
以流水沖涼冷卻後徹底擠乾水分。

3 全部混合拌勻
加入Ⓐ充分攪拌後灑上芝麻。

終極炒蔬菜

只要依序翻炒，
就能炒出如此好吃的蔬菜

材料（1～2人份）

- 紅蘿蔔（切絲）…1/4根
　（50g）
- 青椒（切絲）…1顆（50g）
　連籽一起炒
- 高麗菜（切絲）…1/8顆
　（100g）
- 豆芽菜…1/2袋（100g）

炒時
- 沙拉油…1又1/2湯匙

調味料
- Ⓐ 鹽…1/3茶匙
　味之素…灑5下

收尾
- 黑胡椒…依個人喜好添加

---

1 炒紅蘿蔔和青椒

在平底鍋中以偏強的中火充分熱油，當油變稀時，依序加入紅蘿蔔→青椒翻炒。

2 加入高麗菜

炒到青椒變軟時，加入高麗菜，當油裹上全體食材時灑上Ⓐ，炒約1分30秒，直到變軟為止。

3 加入豆芽菜

加入豆芽菜後，迅速翻炒約1分鐘不到，再灑上黑胡椒。

讓人真心感嘆「蔬菜原來這麼好吃啊」，大概就從這道料理開始。

終極沖繩苦瓜炒什錦

讓我教你 一招把苦瓜變不苦的魔法

材料（2人份）

- 豬五花肉片（2～3cm寬）
  …150g
- 苦瓜（切超薄片）…1個
  （200g）
- 蛋…2粒
- 板豆腐…150g
- 柴魚片…4g

（調味料）

- 鹽（搓揉苦瓜用）…1/2茶匙
- 白高湯（添加到蛋中）
  …1茶匙
- 胡椒鹽…少許
- Ⓐ 白高湯…2茶匙
  醬油…1又1/2茶匙
- 黑胡椒…大量

（炒時）

- 沙拉油（第一次）…1湯匙
- 沙拉油（第二次）…2茶匙

（收尾）

- 柴魚片…依個人喜好添加

（加味）

- 辣油（依個人喜好添加）

就連討厭吃苦瓜的
料理研究家
也吃得津津有味。

 POINT

1 擠乾苦瓜的水分

用鹽搓揉苦瓜，靜置幾分鐘後再徹底擠乾水分。在平底鍋中燒開水，放入苦瓜燙1分鐘再撈至篩網上瀝乾。浸泡於流水後再次輕輕擠去水分。

2 煮半熟蛋

將雞蛋打入碗中，加入白高湯攪拌均勻。用平底鍋熱油，以中火加熱蛋液，炒至半熟後先取出備用。

3 炒食材

用空平底鍋熱油，將豆腐撕成大塊加入鍋中。待變成褐色時，加入灑了胡椒鹽的豬肉。當肉開始變色時，放入❶，再加入Ⓐ和柴魚片，迅速炒一下後關火。

4 加入蛋混合

將❷的蛋重新加入鍋中，攪拌後灑上黑胡椒。

終極棒棒雞

只有透過微波加熱
才能達成的
頂級水潤口感

100

RYUJI'S SUPREME
COOKING
RECIPE

材料（2〜3人份）

- 黃瓜（切絲）…1根
- 番茄（切薄片）…1/2〜1顆

（蒸雞肉）

- 雞腿肉…320g
  置於常溫下退冰
- 大蔥的蔥綠部分
- 生薑（切絲）…5g
- 鹽…1/3茶匙

（醬汁）

- Ⓐ 大蔥的蔥白部分（切末）
  …1/4根（5cm）
  生薑（切末）…3g
  大蒜（切末）…3g
  砂糖…4茶匙
  醋…2茶匙
  味之素…灑3下

- Ⓑ 醬油…2湯匙
  芝麻醬…2湯匙
  芝麻油…1茶匙

（收尾）

- 辣油…依個人喜好添加

POINT

1
雞肉微波加熱

將雞肉放入耐熱容器中，灑鹽並搓揉入味。加入大蔥的蔥綠部分和生薑，包上保鮮膜後放入微波爐加熱3分30秒。加熱後在微波爐內放置5分鐘，利用餘熱煮熟。

2
製作醬汁

將Ⓐ放入碗中，攪拌至砂糖溶解。加入Ⓑ、以及1杯❶蒸煮出的湯汁後再進一步攪拌。放冰箱冷藏。

3
冷卻雞肉

將❶切成薄片，排列於鋁製調理盤後放入冷凍庫冷卻10分鐘。將雞肉、黃瓜和番茄盛盤，淋上❷的醬汁。

還在用水煮雞肉的方式料理嗎？試試這個。

終極

韭菜炒蛋

如何實現
終極半熟滑嫩口感

材料（1～2人份）

- 蛋…4粒
  置於常溫下退冰
- 韭菜…1/2把（50g）

調味料

- Ⓐ 鹽…1/3茶匙
  味之素…灑7下
  黑胡椒…少許

炒時

- 沙拉油（第一次）…1湯匙
- 沙拉油（第二次）…2湯匙

加味

- 辣油（依個人喜好添加）

1
製作蛋液

將雞蛋打入碗中，加入Ⓐ攪拌均勻。

2
切韭菜

韭菜根部較粗部分採小口切⁶，葉子部分則切成3～4cm的小段。

POINT

3
韭菜炒過後浸泡於蛋液中

將油倒入中華炒鍋（如果沒有炒鍋可用小平底鍋）用大火高溫加熱，將❷炒約30秒，再加入❶。

雖然用小平底鍋也可以炒，但鐵氟龍炊具材質不耐高溫。

4
將蛋液炒至半熟

將空的中華炒鍋迅速擦拭一下，再次用大火熱油後加入❸。蛋炒至鬆軟半熟狀後，接下來約十幾秒鐘要持續從鍋底迅速攪拌。

6 將蔥或者小黃瓜等細長形的食材從一頭開始等距平行切片。

大啖帶有鮪魚罐頭
及高湯鮮味的紅蘿蔔

終極紅蘿蔔炒蛋

材料（2人份）

- 蛋…1粒
- 紅蘿蔔（切絲）…1根（160g）
  也可以使用刨絲器
- 鮪魚罐頭（油漬鮪魚）
  …1/2罐（35g）

〔調味料〕

- Ⓐ 白高湯…1/2茶匙
  水…1湯匙
- Ⓑ 白高湯…2茶匙
  醬油…1茶匙
  酒…1茶匙

〔炒時〕

- 沙拉油（第一次）…1又1/2茶匙
- 芝麻油（第二次）…2茶匙

〔收尾〕

- 黑胡椒…依個人喜好添加
- 白芝麻…依個人喜好添加

家裡剩下
一根紅蘿蔔時，
就是這道菜登場的
最佳時機。

1 製作半熟蛋
將蛋和Ⓐ大致打勻。在平底鍋中熱油，用中火炒至半熟後取出備用。

2 炒紅蘿蔔和鮪魚
在空的平底鍋中熱油，用中火炒紅蘿蔔，炒軟後連汁一起加入整罐鮪魚罐頭再去炒。

3 全部混合一起拌炒
加入Ⓑ，待整體炒勻後轉小火，將❶加回鍋中。最後灑上黑胡椒和芝麻即成。

100

RYUJI'S SUPREME
COOKING
RECIPE

終極炒青菜

材料
（2人份）

- 小松菜…1把（230g）
- 大蒜（切粗末）…2瓣
- 鷹爪辣椒（輪切）…1根

〔調味料〕

- Ⓐ 砂糖…1/2茶匙
  中華調味料（膏狀）
  …略少於1茶匙
  太白粉…1/3茶匙
  酒…1湯匙
  水…2湯匙
  味之素…灑4下

〔炒時〕

- 沙拉油…1又1/2湯匙
- 水…2湯匙

〔收尾〕

- 芝麻油…少許
- 黑胡椒…少許
- 鹽…少許

> 雖然簡單，但
> 鹽和水的份量很難控制。
> 能將青菜炒得好吃，
> 代表這個人真的很會做菜。

1 小松菜泡水

將小松菜的葉及莖分別切成長3～4cm的小段，泡水15～20分鐘去除苦味，再充分瀝乾。

2 依照莖→葉的順序去炒

在平底鍋中熱油，加入大蒜和鷹爪辣椒，用大火迅速炒一下。加入小松菜的莖，炒軟後再加入混合好的Ⓐ以及菜葉，迅速炒一下。

3 調味

待葉子開始稍微變軟後加水，並加入芝麻油及胡椒增添香氣。試試味道後再加以調味。

讓雞肉烤過的鮮味
附著於根莖類蔬菜上

終、極筑前煮

材料（3～4人份）

- 雞腿肉（一口大小）…350g
- 香菇（切成2等分）…100g
- 蓮藕（1cm寬的半月切）
  …200g
- 紅蘿蔔（小塊滾刀塊）
  …1根（200g）
- 蒟蒻（用湯匙切碎）
  …1包（250g）
  用溫水洗去臭味
- 絹豌豆[7]…10莢
  去除蒂頭及莢筋

（調味料）

- 鹽…少許
- 低筋麵粉…1湯匙
- Ⓐ 酒…100cc
  醬油…3湯匙
  白高湯…1又1/2湯匙
  味醂…6湯匙
  砂糖…1湯匙

（炒時）

- 沙拉油…1又1/2茶匙
- 芝麻油…1湯匙

聽說就是這道菜，
讓編輯的6歲兒子生平第一次
大口吃根莖類蔬菜。

1
預先處理雞肉

在雞肉上灑鹽並抹上低筋麵粉。

2
將雞肉炒至褐色

在平底鍋中加熱沙拉油和芝麻油，再用中火將❶徹底翻炒，直到雞肉變成褐色。

3
加入絹豌豆以外的配料

加入除了絹豌豆以外的所有配料，拌炒到全部食材裹上油為止。

4
加入調味料燉煮入味

加入Ⓐ之後，蓋上蓋子，用偏強的小火燉煮30分鐘。最後灑上稍微燙過的絹豌豆。

7 提前採收較小、較嫩的豌豆總稱。

YouTube 影片清單

涼拌高麗菜

美乃滋

沙拉

義大利麵沙拉

南瓜沙拉

醃烤茄子

炒牛蒡絲

高湯蛋捲

醃漬金針菇

韓式涼拌

炒蔬菜

沖繩苦瓜炒什錦

棒棒雞

韭菜炒蛋

紅蘿蔔炒蛋

炒青菜

筑前煮

這是來自料理研究家的請求：如果你真的不想做飯，可以去買超市的小菜。同時我也希望大家對購買小菜的人寬容以待。如果強迫一個人下廚，很可能會使他討厭做飯，一旦產生討厭做飯的心情，每天就得忍受三次痛苦。期許我們能一起創造出對所有下廚之人來說都很友善的餐桌氣氛。

4

我絞盡腦汁
想出來的最強
蛋包飯、丼飯、
咖哩飯、炒飯

不用包起來的蛋包飯、不用燉的牛丼、
不需要任何特殊技術，只要超市食材就能輕鬆完成的
終極美味都在這裡。

終極蛋包飯

不用練就敲蛋包的技術也OK

100
RYUJI'S SUPREME
COOKING
RECIPE

材料（1人份）

- 雞腿肉（1.5cm切丁）…80g
- 洋蔥（切粗末）
  …小顆1/4顆（50g）
- 蘑菇（寬度略小於1cm）
  …50g
- 熱白飯…200g

（調味料）

- 胡椒鹽…少許
- 高湯粉…1/2茶匙
- 番茄醬…3湯匙

（炒時）

- 奶油…10g

（卵醬汁）

- 蛋…2粒
- 鹽…1撮
- 奶油…5g

（醬汁）

- ▲ 番茄醬…1又1/2湯匙
  伍斯特醬…1/2茶匙

簡言之，就是飯店早餐的
滑嫩炒蛋加上雞肉飯。

1
先炒雞肉和洋蔥

於平底鍋中加熱奶油，以中火炒灑了胡椒鹽的雞肉。炒到雞肉變成褐色時，加入洋蔥，灑上高湯粉，炒至洋蔥變透明為止。

2
製作雞肉飯

依序加入蘑菇和番茄醬，炒到番茄醬完全附著在配料上，再加入白飯拌炒均勻。

POINT

3
製作蛋汁

用一個大平底鍋煮大量滾水，再放入一個小鍋讓它浮在平底鍋上。將火轉至中火，融化奶油，灑上鹽再加入打勻的蛋液。用橡皮刮刀連續攪拌2～3分鐘，當蛋汁濃稠到可以用刮刀在鍋底畫一條線時即成。

4
將蛋鋪在雞肉飯上

重新加熱**2**之後盛盤，倒上**3**再淋上混合好的**▲**。

93

抱歉，老實說
這比終極炒飯還要好吃

終極
萵苣炒飯

材料（1人份）

- 白蝦（帶殼）…5隻
- 萵苣葉較柔軟的部分
  （用手撕碎）…70g
- 蛋（打成蛋液備用）…2粒
- 熱白飯…200g

調味料

- 胡椒鹽…少許
- 太白粉…適量
- 味之素…灑8下
- 鹽…1/2茶匙
- 蠔油…1又1/2茶匙
- 酒…1湯匙

炒時

- 沙拉油…2湯匙

收尾

- 黑胡椒…大量
- 五香粉…灑1下
加了這個香味完全不同，推薦加入

盛盤時可將蝦子
鋪在底下排出形狀，
打造漂亮的擺盤。

1 預先處理蝦子

剝去蝦殼，在背部切開一個切口，剔除蝦的腸泥。灑上胡椒鹽，抹上太白粉。擦乾蝦殼後留著備用。

POINT

2 用油炒蝦殼

用平底鍋熱油後，以中火炒蝦殼，將油帶出香氣後取出蝦殼（加點鹽很好吃）。

3 將蝦稍微煎一下

將蝦肉放入鍋中，迅速煎一下，待蝦肉變色即可先取出備用。

4 炒料

以大火加熱空平底鍋，依序加入蛋和飯去炒。稍微炒鬆後，灑上味之素和鹽，加入萵苣，再將❸加回鍋中。加入蠔油迅速翻炒。

5 調味

加入酒，整鍋炒勻後灑上黑胡椒粉和五香粉調味，再攪拌均勻。

終極

日式牛肉燴飯

不用炒麵糊，
也能重現洋食店
滋味

100
RYUJI'S SUPREME
COOKING RECIPE

材料（3～4人份）

- 牛肉片…350g
- 洋蔥（切成1cm寬的輪切片）…1顆
- 蘑菇（切成偏厚的片狀）…1盒
- 大蒜（磨泥）…1瓣

（調味料）

- 胡椒鹽…少許
- 低筋麵粉…1湯匙
- 鹽（加入❷中）…少許

（炒時）

- 奶油…30g

（燴飯醬）

- 低筋麵粉…2又1/2湯匙
- 番茄醬…6湯匙
- 紅酒（甜）…200cc
- Ⓐ 伍斯特醬…3湯匙
  高湯粉1湯匙
  水…400cc

（收尾）

- （若有）鮮奶油…依個人喜好添加

輪切的洋蔥好吃到
令人感動不已，會讓人驚嘆：
「原來這傢伙真的
會做菜啊……」

1 將牛肉炒成褐色

於牛肉灑上胡椒鹽，加入低筋麵粉搓揉。在大平底鍋中加熱奶油，用大火將牛肉炒成褐色後先取出備用。

2 炒蔬菜

在空平底鍋中加入洋蔥，並將洋蔥圈散開。灑鹽用中火去炒。炒到洋蔥稍微變軟時再加入蘑菇去炒。

3 製作燴飯醬

加入低筋麵粉，炒至麵粉和配料充分混合為止。加入番茄醬拌炒，炒至配料充分裹上番茄醬為止。

▽ POINT ▽

4 加入紅酒煮至濃稠

加入紅酒，用大火煮約3分鐘，煮到醬汁變稠，酸味被煮掉開始出現甜味為止（若跳過這個步驟，成品會偏酸）。

5 加入炒過的牛肉再燉煮

將❶的牛肉放回鍋中，加入Ⓐ和大蒜，用大火燉15分鐘直到醬汁變稠為止。最後淋上鮮奶油即完成。

終極肉醬咖哩

想挑戰香料咖哩的人，
試試這道就對了

材料（3～4人份）

- 豬絞肉…300g
- 洋蔥（切末）…1/2顆
  （120g）
- 馬鈴薯（一口大小）…200g
- Ⓐ 生薑（切末）…40g
   大蒜（切末）…40g
- 番茄罐頭（整罐）…1/2罐
  （200g）

[調味料]

- Ⓑ 卡宴辣椒粉…1/2茶匙
  利用辣椒粉的量來調整辣度

  紅椒粉…1湯匙
  薑黃…1茶匙
  鹽…1又1/2茶匙
- 水…700cc

[炒時]

- 奶油…30g

[收尾]

- 葛拉姆馬薩拉⁸…1茶匙

葛拉姆馬薩拉的香氣
容易揮發，
一定要最後再放。

1 炒生薑及大蒜

將Ⓐ和奶油放入平底鍋中，用偏強的中火拌炒直到呈柴犬色為止（注意不要炒焦）。

2 加入配料和調味料去炒

加入洋蔥，用偏弱的中火去炒。待洋蔥炒至透明時，加入罐裝番茄和Ⓑ拌炒。待水分收得差不多時，再依序加入馬鈴薯和絞肉繼續拌炒。

3 加水燉煮

待絞肉炒到變色，此時倒入水，用中火燉煮20分鐘。煮到變稠時就可關火（浮沫是鮮味因此不用撈掉）。

♔ POINT ▼

4 添加葛拉姆馬薩拉

加入葛拉姆馬薩拉，一邊搗碎馬鈴薯的邊角處，一邊攪拌均勻。

---

8 印度綜合香料，Garam masala。

終極 生蛋拌飯

生蛋拌飯界史上
最大驚喜

為了充分發揮
蛋和醬油的香氣，
利用味之素來添加鮮味。

材料（1人份）

- 蛋（L號）…1粒
- 熱白飯…150g

調味料

- Ⓐ 味之素…灑3下
  橄欖油（米糠油）…2茶匙
- 醬油…1又1/2茶匙〜2茶匙

1 加熱到熱騰騰的白飯

如果使用冷飯，用微波爐加熱1分20〜30秒即可，如果使用的是電鍋中保溫的飯，則可加熱20秒，製作熱騰騰的白飯（飯若不夠熱，蛋白就無法達到半熟狀態）。

2 將白飯與蛋白拌勻

將蛋白與蛋黃分離。在❶淋上蛋白和Ⓐ充分攪拌，直到白飯的熱度將蛋白加熱到半熟狀態為止。

3 放上蛋黃

放上蛋黃，淋上醬油。邊攪拌整碗飯邊享用。

終極牛丼

家常牛丼不要久燉比較好吃

1 燉煮洋蔥

將Ⓐ、洋蔥、生薑放入鍋中，用大火煮至沸騰。

2 加入牛肉與牛脂

轉成偏弱的中火，在洋蔥開始變透明時加入牛肉與牛脂，迅速煮1～2分鐘。待肉變色後即可關火。

白高湯的海鮮味
搭上高湯粉的牛肉鮮味，
可謂雙重極致高湯。

材料（1人份）

- 牛五花肉片（非日產）
  …120g
- 牛脂…1/2個
  若使用日本產的牛肉則不須添加牛脂
- 洋蔥（切超薄片）
  …小顆1/4顆（50g）
- 生薑（切絲）…5g

（調味料）

- Ⓐ 醬油…1湯匙
  味醂…2湯匙
  紅酒…2湯匙
  白高湯…1/2湯匙
  高湯粉…1/2茶匙
  砂糖…1/2湯匙
  水…2湯匙

（佐料）

- 蛋黃…1粒
- 紅薑（依個人喜好添加）
- 七味粉（依個人喜好添加）

終極
親子丼

雞蛋要「分兩次加」、
雞肉要「烤過」

100
RYUJI'S SUPREME
COOKING
RECIPE

材料（1人份）

- 雞腿肉…1/2塊（150g）
- 洋蔥（切薄片）…1/8顆
- 蛋…2粒
- 山芹菜（切成一口大小）
  …依個人喜好添加

（煎時）

- 沙拉油…1茶匙

（調味料）

Ⓐ 水…2又1/2湯匙
　味醂…2湯匙
　醬油…1湯匙
　白高湯…1湯匙

（收尾）

- 七味粉…依個人喜好添加

另外再加一顆蛋黃
也很好吃。

 POINT

1 將雞肉炒成褐色

用平底鍋熱油，雞皮朝下放入鍋中，用中火充分煎到呈褐色後取出，再切成一口大小。

2 燉煮洋蔥與雞肉

在小鍋中放入Ⓐ和洋蔥，用大火煮至沸騰。待洋蔥開始變軟轉成小火，加入❶，用中火煮到肉變色為止。

3 拌入一粒蛋

打一粒蛋，稍微攪拌，不要讓蛋黃和蛋白完全拌勻，再將蛋以繞圈方式加入鍋中。蓋上蓋子用小火加熱約30秒讓蛋呈半熟狀。

4 再拌入一粒蛋

和前面一樣再打一粒蛋，以繞圈方式加入鍋中。放上山芹菜，蓋上蓋子用小火加熱約50秒，直到蛋白開始凝固但尚未完全變硬時即可關火。

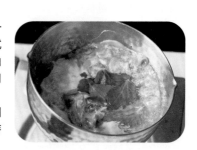

終極豬肉丼

將軟嫩豬肉裹上充滿洋蔥焦香的醬汁

材料（1人份）

- 五花肉塊…200g
  選擇瘦肉、肥肉比例6：4較好吃
- 洋蔥（切薄片）…1/8顆
  （30g）

(炒時)

- 沙拉油…1茶匙

(調味料)

- Ⓐ 砂糖…1又1/2湯匙
  酒…1湯匙
  醬油…3湯匙
  味醂…1湯匙
  味之素…灑4下

(加味)

- 花椒（依個人喜好添加）

煮之前不要先煎，
就可煮出筷子一夾即斷的
軟嫩豬肉。

 **1** 水煮豬肉

將豬肉與大量的水（未記載於食譜中）放入鍋中煮滾後，蓋上蓋子再用小火續煮1小時30分。放涼後切成1cm厚的肉片。

 POINT

 2 將洋蔥炒至微焦

用平底鍋熱油，以中火將洋蔥炒到邊緣縮起，外觀焦焦的為止。

 3 加入調味料煮至濃稠

將Ⓐ加入❷之中，煮至湯汁收乾變稠為止。

4 混合醬汁與豬肉

將❶加入❸中，一邊加熱一邊將醬汁裹上豬肉。

蠔油的登場
帶出海鮮的鮮味

終
極
中
華
丼

100

RYUJI'S SUPREME
COOKING
RECIPE

材料（1人份）

- 豬邊角肉（一口大小）…50g
- 白菜（2cm寬）…100g
- 紅蘿蔔（切短籤片⁹）…20g
- 小松菜（2cm寬）…30g
- 水煮竹筍（切短籤片）…30g
- 木耳（切成2等分）…3g
  泡開備用
- 鵪鶉蛋（水煮）…3粒
- 冷凍綜合海鮮…50g
  解凍備用
- Ⓐ 生薑（切絲）…3g
  大蒜（切粗末）…3g

（調味料）

- 胡椒鹽…少許
- Ⓑ 砂糖…1/2茶匙
  中華調味料（膏狀）
  …1/2茶匙
  太白粉…2茶匙
  醬油…2茶匙
  酒…2茶匙
  蠔油…2茶匙
  水…180cc

（炒時）

- 沙拉油…1湯匙

（收尾）

- 芝麻油…依個人喜好添加

1 將豬肉炒成褐色

用平底鍋熱油，加入Ⓐ用中火去炒。炒出香氣後，再加入豬肉去炒。

2 炒剩下的配料

依序加入剩下的配料，灑胡椒鹽，炒到白菜變軟為止。

3 加入調味料煮至濃稠

炒到整體體積縮小後，加入混合好的Ⓑ先煮滾一次後轉小火，一邊攪拌一邊煮，直到水分收乾變濃稠為止（若太乾則可加水）。

任君挑選，自由搭配，
白飯、油炸麵、中華麵都可以。

9　長方形薄片，形似日本七夕時裝飾用的短籤。

終極什錦炊飯

誕生於100cc
日本酒中的香氣

材料（2合[10]份）

- 雞腿肉（切絲）…130g
- 豆皮（切絲後再切成2等分）…1片
- 紅蘿蔔（切絲）…40g
- 牛蒡（切絲）…40g
- 香菇（切薄片）…2朵
- 生薑（切絲）…10g
- 米…2合

(調味料)

- Ⓐ 醬油…2湯匙
  白高湯…2湯匙
  味醂…2湯匙
  酒…100cc
- 鹽…依個人喜好添加

(加味)

- 柚子胡椒（依個人喜好添加）

五合大電鍋最多只能煮到三合的量。若超過這個量成品會半生不熟。

1 將米、調味料、水放入電鍋

將米和Ⓐ放入電鍋後加水（未記載於食譜中），加到內鍋標示2合的標線為止。

2 加入配料後炊飯

將雞肉放到米上，再加入其他配料後開始炊飯。

3 拌勻後調味

煮好後將整體拌勻，再加鹽調味。

10 一合約150g，同一般米杯180cc的量。

終極雞飯

材料（1人份）

- 雞腿肉…120g
- 牛蒡（切絲）…50g
- 大蒜（磨泥）
  …1/2瓣
- 熱白飯…200g

（炒時）

- 沙拉油…1茶匙

（調味料）

- Ⓐ砂糖
  …2又1/2茶匙
  醬油…4茶匙
  白高湯…1茶匙
  酒…1湯匙

（加味）

- 山椒（依個人喜好
  添加）

> 大分縣雞飯一般都是
> 用鐵鍋大量製作，
> 本書教你如何用平底鍋
> 做出超好吃雞飯。

不需久炊即可上桌的拌飯

1 將雞皮炒過

雞皮與雞肉分離後切細，肉的部分切成邊長1～2cm的丁。用平底鍋熱油，將雞皮炒到酥脆為止。

2 加入其他配料及調味料去炒

加入雞肉，用中火炒到變色時，加入牛蒡，炒到牛蒡開始變軟後轉小火，加入Ⓐ和大蒜煮至濃稠。

3 和白飯攪拌均勻

待水分收得差不多即可關火，加入白飯拌勻。

終、極打拋飯

只用超市食材就能做出

泰式餐廳的味道

材料（1人份）

- 雞腿肉（切成邊長略小於1cm 的丁）…120g
- 大蒜（切末）…1瓣
- Ⓐ 洋蔥（切丁）
  …1/8顆（40～50g）
  紅椒（切丁）
  …1/4顆（40～50g）
- 鷹爪辣椒（輪切）…2根
- 羅勒…3～5片

(炒時)

- 沙拉油…1湯匙

(調味料)

- 胡椒鹽…少許
  Ⓑ 魚露…1又1/2茶匙
  蠔油…1茶匙
  中華調味料（膏狀）
  …1/3茶匙
  黑胡椒…依個人喜好添加

(煎蛋)

- 蛋…1粒
- 沙拉油…2茶匙～1湯匙

(收尾)

- 羅勒…依個人喜好添加

選用雞絞肉或豬肉片製作也很好吃。

 POINT

 1 鷹爪辣椒泡開

用水泡開 將鷹爪辣椒泡在水（未記載於食譜中）裡20分鐘泡軟，一定要執行這個步驟，吃起來口感會截然不同。

2 炒成褐色 將雞肉

用平底鍋熱油，以中火炒灑了胡椒鹽的雞肉。

3 去炒 加入其他配料

加入大蒜，炒出香氣後再加入Ⓐ去炒，待蔬菜炒軟後再加入❶繼續炒（若不吃辣可先去除鷹爪辣椒的籽）。

4 及調味料 加入羅勒

加入Ⓑ炒到出現光澤感後關火。將羅勒用手撕碎後加入鍋中，迅速將整鍋攪拌均勻（若加熱過頭會導致羅勒的香氣揮發）。

5 製作煎蛋

拿另一個平底鍋以中火熱油，將蛋打入油中，煎出酥酥脆脆的荷包蛋。

YouTube 影片清單

蛋包飯

萵苣炒飯

日式牛肉燴飯

肉醬咖哩

牛丼

親子丼

豬肉丼

中華丼

什錦炊飯

雞飯

打拋飯

在某一部漫畫中，有一段台詞提到了我：「很好吃吧？要好好感謝Ryuji先生喔。」、「與其向Ryuji大哥道謝，我比較想和做這道菜給我吃的太太道謝。」我覺得這段對話真是太棒了。

5

歷經35年時間
才找到
打破常識的麵條

用大量起司粉製作的培根蛋黃麵、
將配料和麵分開炒的日式炒麵、
用「那個」調味料完成的明太子義大利麵……
旁門左道中卻蘊含著料理研究家的眞功夫!

用湯煮義大利麵，
前所未聞的爭議性食譜

終極

蒜香橄欖油

義大利麵

材料（1人份）

- 大蒜（切粗末）…2瓣
- 鷹爪辣椒（輪切）…1根
  用水泡20分鐘泡軟備用，不吃辣的人可以少放一點
- 義大利麵（1.4mm）…100g

（炒時）

- 橄欖油…1湯匙

（調味料）

- Ⓐ 水…350cc
  高湯粉…1茶匙
  鹽…1～2撮

（收尾）

- 橄欖油…1湯匙

（加味）

- 醬油（依個人喜好添加）

採用這個做法就算放著不管也保證會乳化，可做出餐廳等級的濃郁蒜香橄欖油義大利麵。

1 炒大蒜和鷹爪辣椒

在小平底鍋中加入油與大蒜，開大火炒。等到油開始滋滋作響就轉成小火，傾斜平底鍋讓油集中到一角，將大蒜炒到呈柴犬色為止，再加入鷹爪辣椒迅速炒一下。

2 加入調味料

加入Ⓐ，轉大火煮至沸騰。

POINT

3 加入義大利麵 讓麵吸收湯汁

轉成偏弱的中火再加入義大利麵條。邊攪拌邊煮約5分鐘收乾，讓義大利麵幾乎吸收掉所有湯汁。

4 繞圈淋上橄欖油

等鍋內水量減少到和照片上差不多時，繞圈淋上橄欖油，關火後搖動鍋子攪拌均勻（若水分太多可用大火加熱收乾）。試一下味道，若味道不夠可再加鹽。

115

不只是單純的肉醬，
可說是一道肉料理

100
RYUJI'S SUPREME
COOKING
RECIPE

終
極
波
隆
那
肉
醬

材料（2人份）

- 牛豬混合絞肉…250g
- 培根（切末）…50g
- 洋蔥（切末）…1/2顆
- 大蒜（切粗末）…2瓣
- 番茄罐頭（整顆）…1/2罐
  （200g）
- 義大利麵（1.8mm）
  …200g
  粗麵較好吃

（炒時）

- 橄欖油…1湯匙

（調味料）

- 胡椒鹽…少許
- 紅酒…200cc
- 鹽…1/4茶匙
- 黑胡椒…你認為該放的量的
  2倍
- 奶油…10g
- 起司粉…2湯匙

（水煮時）

- 水…1L
- 鹽…10g

（收尾）

- 起司粉…依個人喜好添加

將飯淋上剩下的醬汁
再加點起司微波，最後撒上
黑胡椒和醬油，就成了
「清冰箱波隆那肉醬丼」。

POINT

1 煎絞肉

用平底鍋熱油，將灑了胡椒鹽的絞肉整塊放入，不要打散。以偏強的中火像煎牛排般充分將絞肉兩面煎至褐色再稍微撥散開來。

2 加入其他配料去炒

加入培根，待炒出油脂後將肉集中到一端，用空出來的空間將大蒜炒至呈柴犬色。加入洋蔥，炒到洋蔥變軟後整鍋拌炒均勻。

3 加入紅酒煮至收乾

加入紅酒煮至沸騰，用中火煮到湯汁幾乎收乾為止。

4 加入番茄罐頭煮至濃稠

將番茄罐頭倒入鍋中，一邊搗碎番茄一邊攪拌，再加入鹽和黑胡椒，煮到水分收乾為止。同時將義大利麵水煮好備用。

5 將醬汁裹上義大利麵並調味

加入奶油、起司粉、義大利麵、煮麵水2湯匙，以小火加熱迅速攪拌均勻。

終極培根蛋黃麵

用大量起司粉製作的醬汁，
可謂旁門左道之王

100

Ryuji's Supreme
cooking
recipe

材料（1人份）

- 培根塊（切絲）
  …40g
- 大蒜（切粗末）…1瓣
- 蛋（L號）…1粒
- 起司粉（卡夫Kraft）
  …30g
- 鷹爪辣椒（輪切）
  …1根
  不吃辣的人可以少放一點
- 義大利麵（1.7～
  2mm）…100g
  粗麵較好吃

炒時
- 橄欖油…1湯匙

水煮時
- 水…1L
- 鹽…10g

收尾
- 橄欖油…2茶匙
- 黑胡椒（整顆）
  …依個人喜好添加
  若無整顆黑胡椒也可用粗粒
  黑胡椒

製作蛋醬

將蛋與起司粉加入碗中充分拌勻。

2 炒培根

用平底鍋熱油，開大火炒大蒜。等到油開始滋滋作響就加入培根，以中火炒到培根呈褐色為止，再加入鷹爪辣椒拌炒後關火。

3 拌勻 全部混合後

煮義大利麵時，將外包裝上寫的水煮時間減去1分～1分30秒，不要煮太久。將麵條、煮麵水1湯匙、蛋醬①加入②中。開文火，持續從鍋底攪拌義大利麵，呈現膏狀後即可關火（若醬汁凝固可以加點煮麵水）。繞圈淋上橄欖油，再灑上切碎的黑胡椒。

應該不少人第一次就能成功，請參考影片練習製作。

終極蒜香橄欖油蛋義大利麵

對不起，這道料理成了
超越培根蛋黃麵的存在

100
RYUJI'S SUPREME COOKING RECIPE

材料（1人份）

- 大蒜（切粗末）…2瓣
- 鷹爪辣椒（輪切）…1根
  泡水20分鐘泡軟備用
  不吃辣的人可以少放一點
- 義大利麵（1.6mm）…100g
- 奶油…8g
- 蛋…2粒
  打勻後冷藏備用

（炒時）
- 橄欖油…2茶匙

（調味料）
- Ⓐ 水…300cc
  白高湯…5茶匙

若覺得味道太濃，
可減少白高湯的量。

 1 炒大蒜

在小平底鍋中加入油和大蒜後開小火。當油開始滋滋作響就加入鷹爪辣椒，將大蒜炒到稍微變色為止。

 2 煮義大利麵

轉成偏弱的中火後加入Ⓐ，煮到沸騰後加入義大利麵。待水量減少到剩約2湯匙後，先關火冷卻（可置於濕布上較方便）。

 3 加入奶油與蛋

拌入奶油，再加入蛋液後開小火。用橡皮刮刀從鍋底不斷攪拌，直到義大利麵完全裹上濃稠蛋液。

材料（1人份）

- 明太子…30g
  去皮取出的量
- 義大利麵（1.4mm）
  …100g

[蒜油]
- 大蒜（切細末）…1瓣
- 橄欖油…2茶匙

[調味料]
- Ⓐ 奶油…20g
  昆布茶…略少於1茶匙
  加了鮮味完全不同，一定要加
- 檸檬汁…1/2茶匙

[水煮時]
- 水…1L
- 鹽…7g

[收尾]
- 紫蘇（切絲）…1片
  泡水備用
- 海苔絲
  …依個人喜好添加
- 檸檬（輪切）…1片

100
RYUJI'S SUPREME
COOKING
RECIPE

日本料理大絕：昆布茶和檸檬汁

終極明太子義大利麵

奶油是這道料理的基底味，因此放奶油時千萬別手軟。

---

1 製作蒜油

將油和大蒜放入平底鍋中，開偏弱的中火，傾斜平底鍋使油集中在一角，將大蒜炒到呈柴犬色為止。將油倒入碗中，蒜片則置於小碟中備用。

2 製作明太子醬汁

拿一個鍋子煮義大利麵。在❶的碗中加入明太子和Ⓐ，並將碗底置於鍋中加熱攪拌。待奶油融化後自鍋子上移開，加入檸檬汁與煮麵水1湯匙。

3 混合義大利麵和醬汁

將義大利麵煮好後瀝乾，再拌入醬汁。盛盤後放上紫蘇、海苔、檸檬、蒜片、1片明太子（未記載於食譜中）。

終極番茄義大利

甜大於酸的
日式口味

材料（1人份）

- 洋蔥（切薄片）…小顆1/4顆（50g）
- 大蒜（磨泥）…2瓣
- 大蒜（切粗末）…2瓣
- 番茄罐頭（整顆）…1/2罐（200g）
  倒入碗中搗碎備用
- 義大利麵（1.6mm）…100g
  中粗麵較搭

(調味料)
- Ⓐ 高湯粉…1又1/2茶匙
  砂糖…1茶匙
  黑胡椒…你認為該放的量的2倍

(炒時)
- 橄欖油…1湯匙

(水煮時)
- 水…1L
- 鹽…10g

(收尾)
- 橄欖油…1湯匙

(加味)
- 奧勒岡葉（依個人喜好添加）
- 起司粉（依個人喜好添加）

我試著在這道食譜打造出我最喜歡的卡布里喬莎番茄義大利麵版本。

1 大蒜（磨泥）微波加熱

將大蒜（磨泥）包上保鮮膜後，用微波爐加熱30～40秒使香氣揮發（顏色會變得偏綠，可安心正常使用）。

POINT

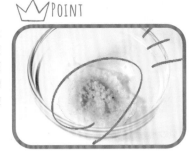

2 炒大蒜（切末）和洋蔥

在平底鍋中加入油與大蒜（切粗末）後開小火，傾斜平底鍋做出一池油，將大蒜炒到呈柴犬色為止。加入洋蔥，炒到變軟為止。

3 加入番茄罐頭煮至濃稠

加入整顆搗碎的番茄，再加入❶和Ⓐ用小火燉煮約5～8分鐘，煮至濃稠到可以在鍋底畫一條線時即可。

4 將義大利麵裹上醬汁

義大利麵煮好後瀝乾，加入❸中用小火迅速拌炒一下（若醬汁凝固可以加點煮麵水）。最後繞圈淋上橄欖油。

將蘑菇的潛力
發揮到極限

終極奶油義大利麵

100

RYUJI'S SUPREME
COOKING
RECIPE

材料（1人份）

- 培根塊（切絲）…40g
- 蘑菇…1/2盒（75g）
- 大蒜（搗碎）…1瓣
- 義大利麵（1.8mm）…100g
  粗麵較好吃

（調味料）

- 鹽…1/5茶匙
- Ⓐ 水…2湯匙
  高湯粉…1茶匙多一點
- 鮮奶油（乳脂肪含量35%）
  …100cc

（炒時）

- 奶油…10g

（水煮時）

- 水…1L
- 鹽…10g

（收尾）

- 黑胡椒…依個人喜好添加

Ryuji食譜中
最好吃的義大利麵是哪一道？
→就是這道

1

蘑菇先用鹽搓過

將蘑菇加入碗中搗碎並用鹽搓揉。包上保鮮膜後放置10分鐘，帶出香氣（一定要做這個步驟，香氣會截然不同）。

2

製作蘑菇醬汁

在小鍋中加入❶和Ⓐ，用偏弱的中火煮至沸騰。煮約3分鐘後倒入手拉式多功能碎末器（攪拌機）攪到呈醬汁狀為止。

3

製作奶油醬汁

於平底鍋中加熱奶油，以偏弱的中火去炒培根和大蒜。炒出香氣後，單獨將大蒜取出。加入❷和鮮奶油，用中火煮至濃稠到可以在鍋底畫一條線即可。

4

混合義大利麵和醬汁

義大利麵煮好後充分瀝乾水分，加入❸中和醬汁拌勻。

如何製作出
融化於舌尖的頂級白醬

終極焗烤

做出頂級焗烤的秘訣
就在於將低筋麵粉用量
減到最低。

100

RYUJI'S SUPREME
COOKING
RECIPE

材料
（1人份）

・雞腿肉（切成偏小的
　一口大小）…200g
・洋蔥（切薄片）
　…1/4顆（60g）
・蘑菇（切成偏厚的薄
　片）…50g
・通心粉…50g
・起司粉…大量

（炒時）

・奶油…20g

（調味料）

・胡椒鹽…少許
・低筋麵粉…2湯匙
・牛奶…200cc
・Ⓐ 鮮奶油（乳脂肪含
　量35%）…100cc
　高湯粉
　…1茶匙多一點
　肉荳蔻…灑3下
　加了香氣完全不同，一
　定要加
　鹽…少許

（水煮時）

・水…1L
・鹽…10g

（加味）

・塔巴斯科辣椒醬
　（依個人喜好添加）

1 炒配料

於平底鍋中加熱奶油，將灑了胡椒鹽的雞皮朝下用中火去炒。待肉開始變色就加入洋蔥，炒到洋蔥變軟，再加入蘑菇充分拌炒。

POINT ▼

2 加入低筋麵粉去炒

加入低筋麵粉，炒到麵粉和配料融為一體，看起來沒有粉末感。

3 加入牛奶和調味料煮至濃稠

邊攪拌邊將牛奶分成3～5次加入鍋中。加入Ⓐ，用偏弱的中火煮至濃稠到可以在鍋底畫一條線時即可關火。

4 加入通心粉

將通心粉外包裝上建議的水煮時間減去30秒去煮，煮好後瀝乾，加入❸中拌勻。

5 用小烤箱烤

將❹移到耐熱容器中，灑上大量起司粉。放入小烤箱中用250℃烤5～6分鐘，直到表面呈褐色為止。

終極
咖哩烏龍麵

就算穿著白襯衫
也忍不住想吸吸吸

帶有醇厚濃郁的
奶油滋味。

100
RYUJI'S SUPREME
COOKING RECIPE

材料（1人份）

- 豬五花肉片
  （3～4cm寬）…80g
- 洋蔥（切薄片）
  …小顆1/4顆（50g）
- 小松菜（3～4cm寬）
  …40g
- 大蒜（磨泥）…1/2瓣
- 冷凍烏龍麵…1球

（炒時）
- 沙拉油…1茶匙

（調味料）
- 胡椒鹽…少許
- Ⓐ 水…170cc
  咖哩塊（中辣）
  …1塊
  奶油…5g
  加了醇厚度不同，一定要加
  白高湯…1湯匙
  砂糖…1/2茶匙

（收尾）
- 七味粉
  …依個人喜好添加

 炒洋蔥和豬肉

用平底鍋熱油，以中火將洋蔥炒到呈褐色為止。加入豬肉，灑上胡椒鹽後迅速炒一下。

2 **加入調味料燉煮**

轉小火，加入大蒜和Ⓐ煮到化開。加入小松菜煮至沸騰。用微波爐加熱烏龍麵。

3 **加入烏龍麵**

加入烏龍麵稍微燉煮。

材料（1人份）

- 牛五花邊角肉…120g
- 牛脂…1/2個
- 生薑（切絲）…5g
- 冷凍烏龍麵…1球

[調味料]

- Ⓐ 酒…1湯匙
  醬油…1湯匙
  味醂…1湯匙
  水…1湯匙
  砂糖…2茶匙
  蠔油…1茶匙
  加了滋味層次完全不同，一定要加

[烏龍麵湯底]

- Ⓑ 水…230cc
  白高湯…2湯匙

[收尾]

- 青蔥
- 七味粉
  （以上依個人喜好添加）

終極牛肉烏龍麵

改成最後淋上牛肉，就能避免湯汁鮮味被稀釋。

沒想到只是改成「最後再淋上牛肉」，味道竟有超大變化

1 燉牛肉

將牛肉、牛脂、生薑、Ⓐ加入鍋中，用中火煮至沸騰。待肉變色即可關火。

2 用高湯煮烏龍麵

將Ⓑ加入另一個鍋子裡煮沸，將未解凍的烏龍麵直接加入鍋中，煮到麵散開為止。

3 淋上燉好的牛肉

將❷盛到容器中，再將❶連同燉煮的湯汁一起淋上。

重點只有一個：
「麵和配料要分開炒。」

終、極、日、式、炒、麵

材料（1人份）

- 日式炒麵麵體…1包
- 豬五花肉片（3～4cm寬）
　…80g
- 高麗菜（切成一口大小）
　…1/8顆（100g）
- 韭菜（3～4cm寬）…1/4把
- 蛋…1粒

（炒時）

- 沙拉油（第一次）…2茶匙
- 沙拉油（第二次）…2茶匙

（調味料）

- 胡椒鹽…少許
- Ⓐ 伍斯特醬…1湯匙
　　蠔油…1湯匙
　　白高湯…1/2茶匙

（收尾）

- 紅薑
- 柴魚片
- 青海苔
（以上依個人喜好添加）

蠔油、伍斯特醬與白高湯
組成的黃金比例。

1 單獨煎麵

用平底鍋熱油後，加入整團麵條，用鍋鏟壓著煎，以中火將兩面都煎至褐色後取出備用。

2 炒豬肉和高麗菜

在空平底鍋中再次熱油，用中火去炒灑了胡椒鹽的豬肉。炒成褐色時加入高麗菜，用偏強的中火炒到呈褐色為止。

3 混合麵和配料

將❶放回鍋中，加入Ⓐ一起拌炒並將麵炒散。

4 後放韭菜

待麵炒散後加入韭菜，迅速炒一下盛盤，再放上煎好的荷包蛋。

終極擔擔麵

將濃郁的豬肉味噌注入湯中享用

聽說這本書的編輯
在自立門戶前
連續吃了兩周擔擔麵。

'S Supreme
OOKING
RECIPE

材料
（1人份）

- 小松菜（4cm寬）
  …50g
- 中華麵…1球（130g）

[肉燥]
- 豬絞肉…80g
- 胡椒鹽…少許
- 豆瓣醬…1又1/2茶匙
- 甜麵醬…1又1/2茶匙

[炒時]
- 沙拉油…1茶匙

[湯底]
- Ⓐ水…300cc
  中華調味料（膏
  狀）…2/3茶匙

[基底醬汁]
- 大蔥（切細末）
  …5cm（20g）
- Ⓑ芝麻醬
  …2又1/2湯匙
  醬油…略少於1湯匙
  味之素…灑4下
  醋…1/2茶匙
  辣油…略少於1湯匙

[加味]
- 花椒
  （依個人喜好添加）

1
製作肉味噌

用平底鍋熱油，以中火去炒灑了胡椒鹽的絞肉。待炒到絞肉呈褐色時轉小火，依序加入豆瓣醬→甜麵醬去炒後關火。

2
製作湯底

在鍋中加入Ⓐ，煮到沸騰後即可關火。

3
煮麵與小松菜

用另一個鍋子將麵和小松菜一起水煮後用篩網撈起。

4
混合醬汁

在大碗中加入大蔥和Ⓑ稍微攪拌。

5
盛盤

將❷的湯底重新加熱倒入碗中，加入麵條並拌開，再擺上❶和小松菜。

終極油麵

就可重現餐廳用的料理魚粉

只要用這一項東西

材料
（1人份）

· 中華麵…1球（130g）

（醬汁）

· Ⓐ 醬油…略少於1湯匙
　　醋…1/2湯匙
　　蠔油…略少於1湯匙
　　理研「素材力柴魚高湯粉」[11]
　　…1/2茶匙
　　芝麻油…2茶匙

（佐料）

· 蛋　　　· 青蔥
· 叉燒　　· 海苔絲
· 筍乾

（收尾）

· 辣油…依個人喜好添加

就算沒有配料，
單吃麵和醬汁
也很好吃。

 1 製作醬汁

將Ⓐ仔細拌勻備用。

 2 混合麵和醬汁

麵水煮後用篩網瀝乾，在大碗中倒入 **1** 的醬汁，將兩者充分拌勻。

 3 放上佐料

擺上佐料，最後繞圈淋上辣油即成。

11　商品原文為「素材力高湯®本かつお高湯」。

終極中華涼麵

使用手工芝麻醬料、醬油醬料

材料（1人份）

- 火腿（切絲）…4片
- 小黃瓜（切絲）…1/3根
- 中華麵…1球（130g）

（蛋絲）
- 蛋…1粒
- 太白粉…1/2茶匙
- 水…1湯匙

（煎時）
- 沙拉油…一又1/2茶匙

（醬油醬汁）
- Ⓐ 砂糖…1又1/2茶匙
  醬油…2茶匙
  醋…2茶匙
  水…1湯匙
  辣油…少許
  味之素…灑2下

（芝麻醬汁）
- 生薑（磨泥）…少許
- 大蒜（磨泥）…少許
- Ⓑ 芝麻醬…1湯匙
  砂糖…1又1/2茶匙
  醬油…2茶匙
  醋…1又1/2茶匙
  芝麻油…2茶匙

（收尾）
- 紅薑…依個人喜好添加
- 辣油…依個人喜好添加

由重口味的醬油醬汁與濃郁的芝麻醬汁攜手共演。

1 製作醬油醬汁與芝麻醬汁

將Ⓐ拌勻製作醬油醬汁。將生薑、大蒜、Ⓑ拌勻製作芝麻醬汁。放入冰箱冷藏備用。

2 製作蛋絲

將蛋、太白粉、水加入碗中充分拌勻。在大平底鍋中用大火熱油，待油熱後轉小火，再將蛋液倒入鋪滿鍋底。待蛋凝固後取出，將蛋皮捲起後切絲。

3 煮好的麵放入冰水中冷卻

煮好麵用篩網瀝乾，用流水沖水冷卻後，泡入冰水中，直到手冷到無法忍耐為止。水分充分擠乾後盛盤，放上配料再依序淋上醬油醬汁→芝麻醬汁。

終
極
炸
醬
麵

100
RYUJI'S SUPREME
COOKING
RECIPE

為 了 這 道 菜 購 入 甜 麵 醬
是 值 得 的 選 擇

材料（1人份）

- 豬絞肉…100g
- 小黃瓜（切絲）…1/2根
- Ⓐ 香菇（切粗末）…2朵（30g）
  水煮竹筍（切粗末）…40g
  大蔥（切末）…6〜7cm（30g）
- 大蒜（磨泥）…1瓣
- 中華麵…1球（130g）

〔炒時〕

- 沙拉油…1又1/2茶匙

〔調味料〕

- 胡椒鹽…少許
- 甜麵醬…略少於2湯匙
- Ⓑ 水…80cc
  酒…1湯匙
  砂糖…1茶匙
  中華調味料（膏狀）…1/2茶匙
  醬油…1茶匙
- Ⓒ 太白粉…1又1/2茶匙
  水…1湯匙
- 辣油…2茶匙
  不吃辣的人可換成芝麻油
- 黑胡椒…依個人喜好添加
- 沙拉油…1茶匙

肉量豐富超好吃，
簡直是中菜界的波隆那肉醬麵。

1 炒絞肉和蔬菜

在平底鍋中熱油，用中火炒灑了胡椒鹽的絞肉。待炒成褐色時加入Ⓐ，炒到油裏上全部食材為止。

2 加入甜麵醬

加入甜麵醬，炒到讓甜麵醬均勻裹上食材，且香氣出來（注意要避免炒焦）為止。

3 加入其他調味料

轉小火，加入Ⓑ和大蒜煮至沸騰。加入混合後的Ⓒ，整鍋邊攪拌邊炒，炒至變稠即可關火。灑上黑胡椒和辣油，迅速攪拌。

4 配上麵

將麵條水煮後用篩網瀝乾，用沙拉油拌過後盛盤。淋上❸，再放上大量的小黃瓜。

YouTube 影片清單

蒜香橄欖油
義大利麵

波隆那肉醬

培根蛋黃麵

蒜香橄欖油蛋
義大利麵

明太子
義大利麵

番茄義大利麵

奶油義大利麵

焗烤

咖哩烏龍麵

牛肉烏龍麵

日式炒麵

擔擔麵

油麵

中華涼麵

炸醬麵

許多所謂的「正統」烹飪手法，其實一開始也被人當作是「旁門左道」。無論是不是「旁門左道」，只要人們相信這真是好方法並持續廣為傳播，它便會受到人們的認可並成為「正統」。而我認為任何事物都適用這個原則。

6

全日本最會做菜的
酒鬼所想出的
全世界最對味的
下酒菜

「在家自己做」的大蒜蝦、「水煮」叉燒。
無論搭配啤酒、日本酒、Highball、
葡萄酒、燒酒都很對味。

終極
大蒜蝦

墨西哥風味的
極致彈牙口感

材料（1～2人份）

・白蝦（帶殼）
　…10隻
・大蒜（切粗末）
　…3瓣
・吐司（6片1包）
　…1片
　烤好備用
・鷹爪辣椒（輪切）
　…1根

（調味料）

・Ⓐ酒…1湯匙匙
　太白粉…1茶匙
　昆布茶
　…略少於1茶匙
　鹽…少許

（煮時）

・沙拉油…從鍋底算
　起1cm
　不可用橄欖油

POINT

1 預先處理蝦子

剝去蝦殼，在背部切開一個切口，剔除腸泥後分成兩股（如此煮好的蝦子會呈現可愛的緞帶造型）。擦乾蝦殼後留著備用。

2 將蝦子醃一下調味

將蝦肉和Ⓐ加入碗中充分搓揉。

橄欖油會蓋過蝦子的香氣，因此製作時要用沙拉油。

3 製作蒜油

用鑄鐵鍋熱油，以小火炒大蒜。等到油開始滋滋作響便放入蝦殼，炒出香氣後再取出（加點鹽吃很好吃）。

4 用油煮蝦

將蝦肉和鷹爪辣椒加入鍋中，用小火煮到蝦肉變紅為止。

終極烤雞

不需要任何多餘食材點綴

100

RYUJI'S SUPREME
COOKING
RECIPE

材料
（1～2人份）

- 雞腿肉…1塊（300g）

  放冰箱冷藏，要用時再拿出

（調味料）

- 鹽…2.4g（雞肉重量的
  0.8%）

- Ⓐ 奧勒岡葉
  …略少於1茶匙
  黑胡椒…大量

- 橄欖油…適量

（收尾）

- 檸檬
- 顆粒芥末
  （以上依個人喜好添加）

不過是
將雞肉塞到小烤箱裡，
就能吃到爆漿肉汁。

---

1 預先處理雞肉
將雞肉較厚處切開成均
等的厚度。將雞肉兩面
都抹上鹽，並於兩面均
勻灑上Ⓐ。

2 淋上橄欖油
將❶皮朝上置於小烤
箱的烤盤上（鋁箔紙亦
可），整體淋上橄欖油。

3 用小烤箱烤
用200℃烤約25分鐘，烤
到外皮酥脆為止（可視情
況增加時間，將皮烤得酥酥
脆脆）。

材料
（2人份）

- 雞胸肉（1.5cm
　…350g
- 生薑（磨泥）…5g
- 大蒜（磨泥）…1瓣

調味料
- Ⓐ 白高湯…1湯匙
　酒…1湯匙

麵衣
- Ⓑ 低筋麵粉…3湯匙
　太白粉…2湯匙
　鹽…1/4茶匙
　蘇打水…4湯匙

炸時
- 沙拉油…從鍋底算
　起1cm

吃時
- 鹽和檸檬
- 加入3倍熱水稀釋的
　白高湯

終極
厚麵衣炸雞塊

100
RYUJI'S SUPREME
COOKING RECIPE

咬下瞬間
溢出滿滿雞汁，
彷彿要從口腔中
爆發出來了。

讓68日圓/100g的雞
胸肉變得鮮嫩多汁

1 將雞肉
醃一下調味

將雞肉放入碗中，加入
生薑、大蒜、Ⓐ，置於
常溫中醃20分鐘。

2 將雞肉裹上麵衣

將Ⓑ加入另一個碗中，
迅速攪拌一下（硬度約
和可麗餅麵糊相仿），放
入❶裹上大量麵衣。

3 迅速炸一下

在小平底鍋裡用偏強的中火
熱油，將❷迅速炸一下，炸
到兩面以及邊角都變色為
止。撈出置於烤網上瀝油。

極

終、炸雞

★超神奇★奇蹟般的酥脆口感

材料（2～3人份）

- 雞腿肉…300g
- 蛋…1粒
- 大蒜（磨泥）…1/2瓣

〔調味料〕

- Ⓐ 多香果[12]…灑4下
  大蒜粉…灑6下
  肉荳蔻…灑4下
  高湯粉…1/2茶匙
  鹽…1/4茶匙
  醬油…1茶匙

〔麵衣〕

- Ⓑ 低筋麵粉…2湯匙
  高湯粉…1/2茶匙
  醬油…1茶匙
  鹽…1撮

〔炸時〕

- 低筋麵粉…適量
- 沙拉油
  …從鍋底算起2cm

> 雖然聖誕節我得要工作，
> 但希望大家一定要吃吃看！

1 預先處理雞肉

將雞肉包上保鮮膜，從上方以酒瓶將雞肉敲平。再用叉子於雞肉兩面均勻戳洞，最後切成三等分。

2 將雞肉醃一下調味

將雞肉和Ⓐ加入碗中充分搓揉，置於常溫中30～50分鐘醃漬入味。

3 製作麵衣

將蛋、大蒜、Ⓑ加入另一個碗中，用打蛋器充分拌勻。放入❷的雞肉，裹上大量麵衣。

♛ POINT

4 一次油炸

將❸用按壓方式抹上一層低筋麵粉。用平底鍋熱油，以偏強的中火去炸。炸到呈柴犬色時將雞肉取出，移到廚房紙巾上靜置約3分鐘。

5 二次油炸

用小火熱油，將雞肉放回炸約40秒。

終極韓式煎餅

蘇打水，做出壓倒性酥脆口感的唯一方法

材料（1～2人份）

- 選擇喜歡的海鮮（切細）
  …150g

  蝦子、花枝、蛤蜊等

- 洋蔥（8mm寬）…1/4顆
  （60g）

- 韭菜（3～4cm寬）…50g

（麵糊）

- 低筋麵粉…45g

- 太白粉…40g

- 蘇打水…90cc

  加了酥脆程度會完全不同

- 白高湯…2茶匙

- 鹽…1撮

（醬汁）

- 砂糖…1茶匙

- 苦椒醬…1茶匙

- 醬油…1又1/2湯匙

- 醋…1又1/2茶匙

- 辣油…依個人喜好添加

（炒時）

- 芝麻油（第一次）…1湯匙
- 芝麻油（第二次）…2茶匙

煎餅翻面的方法
請參考影片。

 **1** 製作麵糊　將麵糊的材料加入碗中，充分拌勻至結塊消失為止。

2 加入配料　將海鮮、洋蔥、韭菜倒入❶後拌勻。

3 製作醬汁　將醬汁的材料加入碗中拌勻。

4 煎麵糊　在大平底鍋中熱油，鋪平❷，開偏強的中火，用鍋鏟去壓煎約4分鐘。

5 用芝麻油煎至酥脆　待炒成褐色時翻面，沿著鍋邊再次加入芝麻油，將兩面煎至酥脆。

終極燉內臟

與「1球大蒜」字面上相反的優雅滋味

100

RYUJI'S SUPREME COOKING RECIPE

材料（4～5人份）

- 豬小腸…500g
- 紅蘿蔔（半月切）…150g
- 白蘿蔔（銀杏切）…300g
- 蒟蒻（用湯匙切碎）…1包
  （250g）
  用溫水洗好備用
- 大蒜（去皮）…1整球
- 生薑（磨泥）…10g
- 大蔥（小口切）…1根
  （150g）
  泡水備用

炒時
- 芝麻油…1湯匙

調味料
- Ⓐ 水…1L
  酒…2湯匙
  白高湯…4湯匙
  味醂…2湯匙
  味噌…4湯匙

收尾
- 七味粉…依個人喜好添加

1

先炒除了大蔥以外的配料

用平底鍋熱油，以中火炒豬腸。待油裹上食材後，依序加入紅蘿蔔、白蘿蔔→蒟蒻去炒。食材皆裹上油後，僅保留2瓣大蒜，將其餘大蒜加入鍋中。

2

加入調味料燉煮

加入Ⓐ，用大火煮至沸騰後轉成偏弱的中火，蓋上蓋子燉煮1小時。

使用整顆蒜球時，只要先切除底部，再從上方用刀身敲擊即可輕鬆去皮。

3

調味

將生薑和大蒜2瓣磨泥後加入鍋中燉煮數分鐘後盛盤，再放上擠乾水分的大蔥（若時間足夠，可先放涼讓味道滲入食材中）。

材料（1～2人份）

- 馬鈴薯（1.5cm寬）
  …2顆（250g）
  帶皮直接使用
- 培根塊（切絲）…50g
- 洋蔥（1.5cm寬）
  …1/4顆（60g）
- 大蒜（切粗末）…2瓣

炒時

- 橄欖油…2茶匙

調味料

- Ⓐ高湯粉…1茶匙多一點
   奶油…10g
- 黑胡椒…大量
- 酒…1又1/2湯匙

收尾

- 鹽…依個人喜好添加
- 黑胡椒…依個人喜好添加

收尾

- 顆粒芥末
- 塔巴斯科辣椒醬
  （以上依個人喜好添加）

100

RYUJI'S SUPREME
COOKING
RECIPE

終極馬德式馬鈴薯

全世界最罪惡的
馬鈴薯，偷走了
不得了的東西

這道菜就是
我的啤酒。

1 將馬鈴薯微波加熱

將馬鈴薯放入耐熱容器中，包上保鮮膜用微波爐加熱3分鐘。

2 炒配料

用平底鍋熱油，以偏弱的中火炒培根。炒成褐色後將培根聚集到一邊，將❶放入鍋中排好，加入洋蔥用中火去炒。

3 加入調味料

待馬鈴薯炒成褐色時加入Ⓐ和大蒜。炒出香氣後將整鍋拌勻，再灑上黑胡椒。

4 加酒並調味

待炒到整體呈柴犬色時，加點酒迅速炒一下。試一下味道，若味道不夠可再加鹽。

終極 義式生魚片

100

RYUJI'S SUPREME
COOKING
RECIPE

材料
（1～2人份）

- 喜歡的生魚片
  （生魚片柵塊）…120g

  鯛魚、比目魚等白肉魚

(調味料)

- Ⓐ 鹽…少許
  黑胡椒…少許
  檸檬汁…少許

(蒜油)

- 大蒜（切粗末）…1瓣
- 橄欖油…2湯匙

(收尾)

- 歐芹…依個人喜好添加
- 紅椒粉…依個人喜好添加

生魚片＋大蒜油
＝義式生魚片

明明只是前菜，
卻不小心喝光了
一瓶白酒。

1 將生魚片醃一下
調味
生魚片切薄片後盛盤灑
上Ⓐ。

2 製作蒜油
將油和大蒜放入平底鍋中開
小火炒，傾斜平底鍋做出一
池油，炒到呈柴犬色為止。

3 將蒜油淋上生魚片
用撈網分離蒜油和蒜
片。將蒜油淋上❶，一
旁佐以蒜片。

 ▶  ▶

151

因爲沒用「那個」
而激怒了義大利人的料理

終極

義式水煮魚

材料（2人份）

- 魚肉切片…2片（180g）
  鯛魚 鱸魚 鯖魚等
- 冷凍蛤蜊（帶殼）…150g
  若是活蛤蜊，要先吐沙
- 油漬鯷魚（剁碎）…3片
  （15g）
- 小番茄…6顆
- 黑橄欖（切薄片）…5顆
  （30g）
- 大蒜（切粗末）…2瓣

調味料

- 鹽…少許
- 黑胡椒…少許
- 白酒…120cc

煎時

- 橄欖油…1湯匙

收尾

- 橄欖油…1湯匙
- 歐芹…依個人喜好添加

關於明明叫做水煮魚卻「沒有水」這一點，大家不用太在意。

1 將魚片煎成褐色

在魚皮劃上十字，兩面灑鹽和黑胡椒。用平底鍋熱油，魚皮朝下放入鍋中，用中火煎過兩面，待表面開始變色，將魚取出備用，油則留在平底鍋中。

2 炒大蒜和鯷魚

轉成小火，在空平底鍋中加入鯷魚和大蒜去炒出香氣。

3 加入蛤蜊和葡萄酒去蒸

加入蛤蜊和白酒後蓋上蓋子用中火蒸烤。待殼打開後將蛤蜊取出備用。

4 加入橄欖、小番茄、魚片

加入橄欖，開大火將水分收乾到剩2/3後轉中火，加入①的魚片以及小番茄，一邊輕壓番茄收乾水分。待水分收得差不多就關火，將蛤蜊放回鍋中，用中火再加熱一次，並繞圈淋上橄欖油。

終極叉燒

只要先水煮，
再浸泡在特製醬汁中即可

100

RYUJI'S SUPREME
COOKING
RECIPE

材料
（方便製作的量）

- 五花肉塊…500g
  瘦肉與肥肉的比例5:5或
  6:4較好吃
- 大蒜（磨泥）
  …1/2瓣

[調味料]

- 酒…25cc
- 味醂…25cc
- Ⓐ醬油…75cc
  （5湯匙）
  味之素…灑5下

[加味]

（以下依個人喜好
添加）
- 和風芥子
- 青蔥
- 辣油

> 一咬下油花
> 便在口中擴散，堪稱
> 入口即化的奇蹟豬肉。

1 水煮豬肉

將豬肉放入鍋中，加入水（未記載於食譜中）淹過豬肉，用中火煮沸後轉小火，蓋上蓋子去煮1小時30分鐘。

2 用微波爐加熱酒與味醂

於耐熱容器中倒入酒與味醂，用微波爐加熱1分30秒，使酒精揮發。

POINT

3 在真空狀態下浸泡於醬汁中

將❶的豬肉放入保鮮夾鏈袋，加入大蒜、Ⓐ、❷擠出空氣後密封置於常溫1小時（在碗中加入大量的水，同時避免水分進入袋中，將保存袋沉入水中，如此便可利用水壓擠出空氣）。

4 用噴槍炙燒

將豬肉切片後放回保鮮袋中用微波爐加熱1分30秒。若有噴槍，可以用噴槍炙燒出焦痕（沒有噴槍沒關係，就算不炙燒也夠好吃了），將剩下的醬汁以繞圈方式淋上。

終極厚切豬排

厚切肉片
搭上焦香蒜片

156

材料（1人份）

- 厚切豬里肌肉…1塊
  （300g）

  退冰至常溫備用
- 大蒜（切片）…1～2瓣

（煎時）

- 沙拉油…2茶匙

（調味料）

- 鹽…2撮
- 黑胡椒…依個人喜好添加
- Ⓐ 伍斯特醬…1又1/2湯匙
  醬油…1湯匙
  味醂…1又1/2茶匙
  砂糖…1茶匙
  味之素…灑2下
  奶油…5g

（收尾）

- 高麗菜（切絲）…大量

> 因為醬汁實在太美味，
> 高麗菜直接升級成主餐
> 讓人吃個不停。

1 預先處理豬肉

將瘦肉與肥交界處的筋以2cm為間隔去切斷，兩面都要切。用刀背將豬肉敲成均等的厚度，再灑上鹽和胡椒。

2 製作蒜片

用平底鍋熱油，傾斜平底鍋做出一池油，將大蒜放入油中，用偏強的中火炒到呈柴犬色為止。將蒜片自鍋中取出移至廚房紙巾上，油則留在平底鍋中備用。

3 煎豬肉

在空平底鍋中加入豬肉，蓋上蓋子用中火煎3分鐘。待肉完全煎成褐色後翻面，再蓋上蓋子用偏弱的中火煎3～4分鐘（用叉子刺一下，溢出的肉汁呈透明色澤就代表熟了）。

4 保溫豬肉

將肉取出用鋁箔紙包好，外面再用毛巾包起來。

5 醬汁製作

在空平底鍋中加入Ⓐ之後，用小火煮至濃稠為止。將豬肉盛盤淋上醬汁，再放上❷的蒜片。

100

RYUJI'S SUPREME
COOKING
RECIPE

材料（1人份）

- 柴魚片…2g
- 昆布茶…1茶匙
- 水…150cc

佐料

- 苔絲
- 青蔥
- 山葵
- 白芝麻

爲了吃到最後這道菜，
我願意喝醉

終極茶沟飯

喝醉狀態下
也能輕鬆完成。

1 製作魔法粉末
將柴魚片放入耐熱容器中，不要包保鮮膜，放入微波爐加熱30秒。放涼後，用手指壓碎成粉末狀。

2 煮沸高湯
將水、昆布茶、❶加入鍋中用中火煮沸。

3 將高湯淋到飯上
將❷淋到飯上，再放上佐料。

材料（3人份）

- 大蔥（小口切）…1/2根（60g）
- 嫩豆腐（切成骰子塊）…150g
- 柴魚片…8g
- 水…450cc
- 味噌…2湯匙
- 味之素…灑8下

1 製作魔法粉末

將柴魚片放入耐熱容器中，不要包保鮮膜，放入微波爐加熱1分鐘。放涼後，用手指壓碎成粉末狀。

2 煮沸高湯

將水、❶、味之素加入鍋中用中火煮沸。

3 加入配料，將味噌化開

將火轉小加入大蔥和豆腐。沸騰後轉成文火再加入味噌化開。

終極味噌湯

爲了能在早上喝這個，我願意宿醉

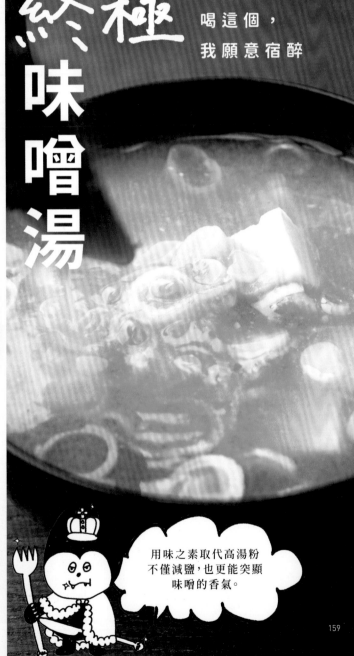

用味之素取代高湯粉不僅減鹽，也更能突顯味噌的香氣。

159

YouTube 影片清單

大蒜蝦

烤雞

厚麵衣炸雞塊

炸雞

韓式煎餅

燉內臟

德式馬鈴薯

義式生魚片

義式水煮魚

叉燒

厚切豬排

茶泡飯
coming soon

味噌湯

我一直認為「世界上最美味的食物，就是你親手為自己製作符合口味的食物」，但我最近的煩惱是，每當我吃了自己做的料理，我都會覺得「天哪，這真是宇宙第一無敵好吃耶。」結果幾乎每道菜都變成世界上最美味的食物……其實好吃與否並非靠那些星星等級來決定，而是完全取決於自己。

7

手工製作的美味
吃得出來！
幸福感滿滿的
湯品、火鍋和燉菜

和即溶湯品吃起來截然不同的蛋花湯，
以及吃過自己煮的就再也不想去買外面賣的關東煮，
總之，我希望大家都能感受到下廚的樂趣。

真正好吃的法式蔬菜鍋，
在煮之前要先「炒」過

終、極法式蔬菜鍋

100

RYUJI'S SUPREME
COOKING
RECIPE

材料
（4人份）

- 培根塊…200g
- 高麗菜…1/2顆
- 馬鈴薯…2顆
  （300g）
- 洋蔥…1顆
- 紅蘿蔔…2根
  （300g）
- 大蒜…3瓣

（煎時）

- 橄欖油…適量

（調味料）

- 水…1400cc
- Ⓐ 高湯粉…1湯匙
  鹽…略少於1茶匙

（收尾）

（依個人喜好添加）

- 黑胡椒
- 顆粒芥末

雖然沒有添加砂糖，
來自蔬菜的甘甜非常濃郁。

1 分切配料

高麗菜保留芯部切成8等分，馬鈴薯帶皮切半，洋蔥保留基底連接處切成8等分，紅蘿蔔帶皮切成4等分，培根切成1cm厚的塊狀。大蒜去皮。

2 將配料煎至褐色

用平底鍋熱油，開偏強的中火，高麗菜用壓的將橫切面煎成褐色後移到煮鍋裡。在平底鍋中加點橄欖油，依序將其他配類煎成褐色後移到煮鍋去。

POINT

3 加水移到鍋中

為了保留煎過配料殘留於平底鍋裡的鮮味，將食譜中記載的水量先倒入平底鍋，再從平底鍋倒入煮鍋中。

4 加入調味料燉煮

加入Ⓐ，用大火先煮滾一次再轉成偏強的小火，蓋上蓋子燉煮30分鐘。試一下味道，若味道太重可加點水，不夠可再加鹽調味。

163

將紅酒和奶油
燉出極限濃郁滋味

終極
燉牛肉

材料（4～5人份）

- 牛五花肉塊…800g
  用肩胛肉或牛腱亦可
- 洋蔥（切薄片）…2顆
- 褐色蘑菇（切成4等分）…2盒
- 大蒜（切粗末）…4瓣

調味料

- 胡椒鹽…少許
- 低筋麵粉…3湯匙
- 鹽（加入❷裡）…1撮
- ❹ 紅酒…750cc
  水…100cc
  高湯粉…1湯匙多一點
  鹽…少許
  黑胡椒…你認為該放的量的2倍
- 鹽（加入❺裡）…少許
- 砂糖…2湯匙

炒時

- 橄欖油（第一次）…1湯匙
- 奶油（第二次）…20g
- 奶油（第三次）…20g

燉煮時

- 奶油…40g

收尾

- 鮮奶油…依個人喜好添加

若太鹹可換成無鹽奶油。

 **將牛肉炒成褐色**

牛肉切成偏大塊的肉塊，灑上胡椒鹽和低筋麵粉後充分搓揉。在平底鍋中熱油，將牛肉用大火炒成褐色後先取出備用。

 炒洋蔥

在空平底鍋中加熱奶油後加入洋蔥。灑1撮鹽，再加入大蒜，將洋蔥炒到呈黃褐色為止。

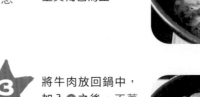

 **加入牛肉和調味料**

將牛肉放回鍋中，加入❹之後，不蓋蓋子用中火燉煮30分鐘。

4 加入砂糖燉煮

煮到開始變稠時加入砂糖，蓋上蓋子之後，用偏弱的中火再繼續燉煮20分鐘。若煮到太乾，感覺要燒焦了可加點水。

5 蘑菇後放

用另一個平底鍋加熱奶油，加入蘑菇後灑上少許鹽用中火去炒。將蘑菇連同奶油加入❹中，蓋上蓋子用偏弱的中火燉煮20分鐘。

不需要鮮奶油，真正需要的是那項乳製品

終極
奶油燉菜

材料（4～5人份）

- 雞腿肉（切成一口大小）…500g
- 洋蔥（5mm寬）…1顆（250g）
- 紅蘿蔔（小塊滾刀塊）…1根（150g）
- 馬鈴薯（切成8等分）…2顆（250g）
- 青花菜（切成一口大小）…1顆（120g）
- 奶油乳酪…100g
  一定要加

（調味料）

- 胡椒鹽…少許
- 低筋麵粉…3湯匙
- 白酒…150cc
  加日本酒亦可
- Ⓐ 牛奶…1L
  高湯粉…3湯匙

（炒時）

- 奶油…40g

（收尾）

- 鹽…依個人喜好添加
- 白胡椒…依個人喜好添加
  若沒有可改用黑胡椒

分不清是克萊爾阿姨[13]
還是Ryuji大哥呢。

1　將雞肉炒成褐色

用一個大平底鍋加熱奶油，雞肉灑胡椒鹽後用中火炒成褐色。

2　加入洋蔥、紅蘿蔔、馬鈴薯

加入洋蔥去炒，洋蔥變軟後加入紅蘿蔔和馬鈴薯繼續炒。待油裹上全體食材後，加入低筋麵粉攪拌到麵粉均勻裹上配料為止，再加入白酒用大火去炒。

3　加入牛奶和調味料、起司

加入Ⓐ再次煮滾後轉小火，像化開味噌一樣用湯勺將奶油乳酪加入鍋裡。

4　加入青花菜

加入青花菜，蓋上蓋子用文火燉煮30～40分鐘（若火太強會分離）。試一下味道，加入鹽和白胡椒調味。

13　江崎格力高（glico）的奶油燉菜塊商品名（クレアおばさん）。

絕對不讓蔬菜成爲剩菜，
營養豐富的超讚湯品

終極 義大利雜菜湯

材料（3～4人份）

- 培根…100g
- 洋蔥…1/2顆（150g）
  - 馬鈴薯…1顆（150g）
  - 紅蘿蔔…小根1根（100g）
  - 高麗菜…1/4顆（200g）
- 大蒜（切片）…3瓣
- 番茄罐頭（整顆）…1罐
  （400g）

　　調味料

- 鹽…1/3茶匙
- 酒…150cc
  - 若用葡萄酒會太酸
- 水…500cc
  - 高湯粉…1又1/2湯匙
  - （若有）奧勒岡葉…1/3茶匙

　　炒時

- 橄欖油…2湯匙

　　收尾

- 橄欖油…依個人喜好添加

加入日本酒後，
甜味更勝酸味，
完成後滋味更加醇厚。

1 分切配料
將配料切成均等大小的丁狀。

▼

2 炒配料
在鍋中熱油，用中火炒培根，炒到呈褐色後加入大蒜去炒。炒出香氣後，加入Ⓐ並灑鹽，用偏強的中火去炒。

♛ POINT ▼

3 加入番茄罐頭 煮至濃稠
待油裹上食材後，倒入番茄罐頭並加以搗碎。不要蓋上蓋子，用偏強的中火仔細拌炒，炒至番茄的水分變稠裹上配料為止。

▼

4 加入調味料燉煮
加入日本酒煮滾後將火轉小，加入Ⓑ，用大火再次煮滾。蓋上蓋子用偏弱的中火燉煮20分鐘。盛盤後淋上橄欖油。

終極

蛤蜊巧達濃湯

不要用罐頭，
試著從頭開始做做看，味道完全不一樣

材料（4～5人份）

- 冷凍蛤蜊（帶殼）…150g
  - 若是活蛤蜊，要先吐沙
- 冷凍蛤蜊（去殼）…200g
- 馬鈴薯…大顆1顆（180g）
- 培根…60g
- 紅蘿蔔…1根（150g）
- 洋蔥…1顆（250g）
- 舞菇…100g

（調味料）

- 鹽…少許
- 低筋麵粉…4湯匙
- 酒…100cc
  - 若用葡萄酒會太酸
- 牛奶…700cc
- 高湯粉…2湯匙
- 白胡椒…依個人喜好添加
  - 若沒有可改用黑胡椒

（炒時）

- 奶油…30g

比起奶油燉菜，
這道菜反而更好吃。

1 分切配料

將配料切成均等大小的小丁。

2 炒蛤蜊以外的配料

在平底鍋中加熱奶油，加入蛤蜊以外的配料後灑鹽用中火去炒。

3 加入蛤蜊去蒸

加入低筋麵粉後充分攪拌到麵粉均勻裹上配料為止。加入蛤蜊和酒，蓋上蓋子去蒸數分鐘。

4 加入牛奶和調味料燉煮

加入牛奶和高湯粉，燉煮到湯變得濃稠為止，最後再灑上白胡椒。

蛋花湯

材料
（3～4人份）

- 蛋…2粒
- 大蔥（切末）…1/2根
　（60g）

調味料

- Ⓐ 蠔油…2茶匙
　中華調味料（膏狀）
　…1又1/2茶匙
　黑胡椒…大量
　水…500cc
- Ⓑ 太白粉…2茶匙
　酒…1又1/2湯匙

加入白飯就成了
終極的韓式泡飯。

熱 熱 喝 到 最 後 一 口

1 製作湯底
將Ⓐ加入鍋裡，用大火先煮滾一次後轉小火，加入混合好的Ⓑ充分攪拌，勾芡增稠。

2 加入蛋
用橡膠刮刀在鍋中旋轉攪拌。待攪拌出漩渦狀，倒入1/3左右的蛋液，待其凝固。

3 加入大蔥
重複❷的步驟3次，將蛋全部倒完，並加入大蔥，再將整鍋攪拌均勻。

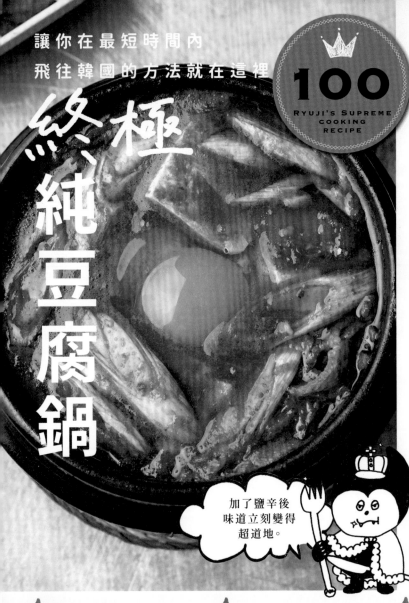

讓你在最短時間內
飛往韓國的方法就在這裡

終極純豆腐鍋

材料（1人份）

- Ⓐ 豬五花肉片
  （3～4cm寬）…80g
  韓式泡菜…60g
  鹽辛…1湯匙
  〜〜〜〜〜〜〜〜〜〜〜
  這是鮮味的來源，一定要加
  大蒜（磨泥）…5g
  生薑（磨泥）…5g
- 冷凍蛤蜊（去殼）…10顆
- 豆腐（用湯匙舀）…150g
- 大蔥（斜切）
  …1/3根（40g）

調味料

- Ⓑ 苦椒醬…1又1/2湯匙
  辣椒粉…1茶匙
  利用添加的量來調整辣度
- Ⓒ 水…300cc
  白高湯…2茶匙
  砂糖…1茶匙

炒時

- 芝麻油…1湯匙

收尾

- 蛋…1粒
- 芝麻油…1湯匙

加了鹽辛後
味道立刻變得
超道地。

1 炒A和B
用小鍋熱油，加入Ⓐ和
Ⓑ用中火充分拌炒（韓式
燉湯用的鍋太小容易外溢，
因此要用5號以上的鍋）。

2 加入剩下的材料
加入蛤蜊和Ⓒ，用大火
先煮滾一次後轉成偏弱
的中火，再加入豆腐和
大蔥燉煮。

3 加入蛋和芝麻油
待大蔥開始變軟，打一
粒蛋進去，再繞圈淋上
芝麻油。

終、極
南瓜濃湯

不甜，但這樣才好

100

RYUJI'S SUPREME
COOKING
RECIPE

材料
（4人份）

- 南瓜…1/4顆
  （380g）
- 洋蔥（切薄片）
  …1/2顆（120g）
- 牛奶…450cc

調味料
- 鹽…1撮
- 高湯粉…2又1/2茶匙

炒時
- 奶油…20g

收尾
- （若有）鮮奶油…依
  個人喜好添加

收尾
- 白胡椒…灑5下

本食譜所追求的是
純粹的南瓜香氣。

1 微波加熱南瓜

將南瓜用保鮮膜包
起後微波加熱6分
鐘。去除南瓜籽和
外皮。

2 炒洋蔥

用鍋加熱奶油，加
入洋蔥灑點鹽用小
火去炒。

3 用攪拌機攪拌

待洋蔥開始變得透
明時，加入❶、牛
奶與高湯粉煮滾一
次之後，不需要關
火，直接放入攪拌
棒攪拌。

4 小火慢燉

用文火燉煮15分
鐘到湯呈濃稠狀為
止，燉煮時要適時
攪拌。

終、極關東煮

驗證「高湯＋蠔油」
最佳美味方程式

100

RYUJI'S SUPREME
COOKING
RECIPE

材料（4人份）

- 白蘿蔔…1/2根
- 竹輪…2根
- 蒟蒻…1包（250g）
- 薩摩炸魚餅[14]…4片
- 炸魚河岸餅[15]…4個
- 煮蛋（煮至全熟）
  …4粒

（調味料）

- Ⓐ水…1L
  蠔油…1湯匙
  加了滋味層次完全不
  同，一定要加
  白高湯…70cc
  鹽…1/2茶匙

（收尾）

- 和風芥子
  …依個人喜好添加

1
分切配料

將白蘿蔔去皮輪切
後切出十字刀痕。
若竹輪太大可斜切
成兩等分。
於蒟蒻上切出格子
狀的刀痕後再切成
三角形，用溫水洗
去臭味。

2
加入調味料燉煮

在平底鍋中加入配
料，再加入Ⓐ，用
中火燉煮1小時。

3
靜置1小時

關火靜置1～2小時
待其入味。

最後就來一杯日本酒
勾兌關東煮高湯作結吧。

14　さつま揚げ，炸過的魚漿製品，近似台灣的甜不辣。

15　魚河岸揚げ，魚漿與豆腐混合後炸成的魚漿製品。

177

終極相撲火鍋

材料（3～4人份）

- 雞腿肉（削切[16]）…200g
- 白菜（切成一口大）…1/8顆
  （300g）
- 紅蘿蔔（半月切）…1/2根
- 香菇（去蒂）…6朵
- 韭菜（4cm寬）…1把
- 豆皮（切成4等分）…3片
- 板豆腐（切片）…150g

（湯底）

- 生薑（磨泥）…5g
- 大蒜（磨泥）…5g
- 水…550cc
- 酒…100cc
- 白高湯…1湯匙
- 醬油…1又1/2茶匙
- 中華調味料（膏狀）…1又1/2茶匙

（雞肉丸）

- 雞絞肉（腿肉）…250g
- 大蔥（切末）…1/2根（60g）
- 生薑（切末）…15g
- 酒…1湯匙
- 味噌…1湯匙
- 中華調味料（膏狀）…1/3茶匙
- 太白粉…5茶匙
- 鹽…1撮

好吃到就算不是力士
也可以開相撲火鍋店
的程度。

1
分切配料

將雞肉丸以外的所有配料分切好。

2
加湯底去燉煮

將雞肉丸和韭菜以外的配料放入鍋中排好，將湯底用的材料混合後倒入鍋裡。蓋上蓋子，用大火先煮滾一次再轉中火煮10分鐘。

3
製作雞肉丸

將雞肉丸的材料加入碗中，充分攪拌到出現黏性為止（可剁一點雞軟骨或超商販售的豬耳朵加進去，如此增進口感也很好吃）。

4
加入雞肉丸與韭菜去燉煮

待蔬菜煮軟後，將❸搓成丸子狀下在鍋裡的空位。放上韭菜，把鍋蓋蓋回，燉煮10～15分鐘到雞肉丸煮熟為止。試一下味道，若味道不夠可再加鹽（未記載於食譜中）調味。

---

16 將菜刀的刀刃打橫，與砧板平行斜切出薄片。

請享用前所未見的「蛋黃醬」

終極湯豆腐

100
RYUJI'S SUPREME
COOKING
RECIPE

材料（2～3人份）

- 板豆腐…300g
- 鱈魚…2片
- 金針菇…1/2包
- 大蔥…5/6根

（蛋黃醬）
- Ⓐ 大蔥（切末）
  …1/6根
  蛋黃…2粒的量
  柴魚片…2湯匙
  醬油…1又1/2湯匙
  白高湯
  …1又1/2湯匙
  味醂…1又1/2湯匙

（高湯）
- Ⓑ 水…約達鍋子一半
  深度
  白高湯…依個人喜
  好添加
  基本比例為水500c對上
  白高湯1湯匙

1 分切配料

金針菇切除底部後再對切弄散。將大蔥的1/6切末，剩下的部分到蔥綠則斜切。豆腐切成12等分，鱈魚切半。

POINT

2 製作蛋黃醬

將Ⓐ加入和鍋子差不多深的耐熱容器中後充分拌勻。將耐熱容器置於鍋子中央。

3 整鍋燉煮

將Ⓑ倒入鍋中，加入配料後開大火，待高湯煮滾後將火轉小。加熱時要持續攪拌蛋黃醬，等到醬的質地變得與較稀的味噌差不多時就可將耐熱容器取出。

蛋黃醬可依個人喜好加入鍋的高湯稀釋濃度。

法式蔬菜鍋

燉牛肉

奶油燉菜

義大利雜菜湯

蛤蜊巧達湯

蛋花湯

純豆腐鍋

南瓜濃湯

關東煮

相撲火鍋

湯豆腐

廚師的工作是「做出美味佳餚」，而料理研究家與廚師不同，他們的工作是「讓人們做出美味佳餚」。因此，如果你按照食譜去做卻失敗了，那請你怪罪食譜就好，不用責備自己為何做不出好吃的食物。若有人對你說出：「難吃、不怎樣、好差勁」這種話時，你也該把責任歸咎於食譜上；你只要回答對方：「我完全是按照料理研究家Ryuji的方式做的，看來不合你的胃口呢」這樣就好了。要是有人因為用了我的食譜而討厭做菜，這就會讓我很傷心了。

8

吃了會讓你後悔之前在店裡花了1200日圓　超越商店賣的麵包和甜點

吃到最邊邊角角都有料的三明治、
就算不去義大利也能吃到的正統派提拉米蘇。
我拼了命將曾經的悔恨全都轉化為美味了。

終極雞蛋三明治

材料
（1人份）

- 吐司（6片一包）
  …2片
- 奶油…8g

  若沒有可改用黑胡椒

（雞蛋餡料）

- 蛋（L號）…3粒
- 奶油…5g
- Ⓐ 美乃滋
  …2又1/2湯匙
  鹽…1/5茶匙
  黑胡椒…你認為
  該放的量的2倍
  味之素…灑4下
  和風芥子
  …3～4cm

煮到蛋黃不會流出的
半熟蛋最好吃。

一口咬下多到滿出來的雞蛋內餡

1 製作偏半熟的煮蛋
煮一鍋滾水，把剛從冰箱拿出還很冰的蛋用水沖過後放入鍋中，煮8分鐘後去殼。

2 製作雞蛋餡料
將奶油5g用微波爐加熱40秒。於碗中加入 ❶、融化的奶油、Ⓐ 後充分拌勻。

3 於吐司上
塗抹奶油，夾入蛋
將吐司置於平鋪的保鮮膜上。將奶油8g塗在兩片吐司上，再夾入厚厚的 ❷。用保鮮膜把整個三明治包起來，用刀將三明治連著保鮮膜一起切成一半。

終極火腿萵苣三明治

100

RYUJI'S SUPREME
COOKING
RECIPE

材料
（1人份）

- 火腿（切絲）…4片
  （40g）
- 萵苣（用手撕碎）…50g
  洗淨後充分瀝乾水分備用
- 起司片…2片
- 吐司（6片一包）…2片
- 奶油…5～8g
  置於常溫中軟化備用

（調味料）

- Ⓐ 美乃滋…2湯匙
  無調整豆乳[17]（牛奶亦可）…1湯匙
  加了味道會變醇厚，一定要加
  高湯粉…1/3茶匙
  黑胡椒…你認為該放的量的2倍
  山葵…4cm

> 我最痛恨的就是料沒有鋪滿鋪到最邊邊的三明治。

火腿切絲再配上最棒的美乃滋醬

1 混合火腿和調味料
將火腿和Ⓐ加入碗中拌勻。

2 於吐司上塗抹奶油，再放上起司片
將吐司置於平鋪的保鮮膜上。將兩片吐司都塗上奶油，再放上起司片。

3 夾入火腿和萵苣
在其中一片吐司上放上❶。另一片吐司上放上萵苣後夾起來。取保鮮膜把整個三明治包起來，用刀將三明治連著保鮮膜一起切成一半。

17　無添加的黃豆飲品，日本規定「固態大豆量須為 8% 以上」。

185

不知道爲什麼，
但口感吃起來幾乎像布丁

終極

法式吐司

100

RYUJI'S SUPREME
COOKING
RECIPE

材料
（1人份）

- 吐司（4片一包）
  …1片

（蛋液）

- 蛋…1粒
- Ⓐ 牛奶…50cc
  砂糖…4茶匙
- Ⓑ 鮮奶油（乳脂肪含
  量35%）…50cc
  避免用43%的鮮奶油較
  難吸附蛋液
  （若有）香草精
  …3滴

（煎時）

- 奶油…10g

（收尾）

- 奶油…5g
- 楓糖糖漿
  …依個人喜好添加

老實說，
這比表參道要價1200日圓左右的
法式吐司還好吃。

1 製作蛋液

將蛋和Ⓐ放入耐熱容器中，用打蛋器充分拌勻。加入Ⓑ後再加以拌勻。

2 將吐司浸泡於蛋液中

切除吐司邊，並於兩面劃上十字。將吐司充分浸泡於蛋液中。

3 用微波爐加熱

不要包保鮮膜，微波爐加熱30秒，翻面後再加熱20秒。

4 放冰箱冷藏，浸泡15～20分鐘

放冰箱冷藏，不時用湯匙舀起蛋液淋上吐司，浸泡15～20分鐘。

5 煎吐司

在平底鍋中加熱奶油，將④連蛋液一起放入鍋中，用中火煎至褐色。翻面後轉小火、蓋上蓋子蒸煎3～4分鐘。

終、極、提、拉、米、蘇

100
RYUJI'S SUPREME
COOKING
RECIPE

材料（3～4人份）

起司奶油餡

- Ⓐ 奶油乳酪…150g
  置於常溫中軟化備用

  蛋黃…1粒的量
  砂糖…35g
  黑色蘭姆酒（蘭姆酒）
  …1湯匙～1又1/2湯匙
  不喜歡酒的人不加也可以

其他材料

- 鮮奶油（乳脂肪含量47%）
  …200cc
- Ⓑ 即溶咖啡…1湯匙
  熱水…100cc
  砂糖…1又1/2茶匙
- 餅乾（森永CHOICE）
  …8～10片
- 可可粉（不甜的）
  …依個人喜好添加

收尾

- （依個人喜好添加）薄荷葉

請你親手做出世界上
你最喜歡的味道。

★1 製作起司奶油餡

將Ⓐ加入碗中，用打蛋器攪拌到尖端要成型又不成型的程度（若奶油乳酪太硬的話，可微波加熱約20秒）。

★2 打發鮮奶油

用另一個碗將鮮奶油打到偏硬為止。

★3 混合1和2

將❷加入❶，用橡膠刮刀輕柔地混合攪拌後放冰箱冷藏備用。

★4 將咖啡塗抹到餅乾上

將4～5片餅乾鋪到容器裡（照片中的容器大小為L20cm×W14cm×H6cm）。用刷子（湯匙）將混合好的Ⓑ塗上餅乾讓餅乾吸收。

★5 做出兩層餅乾和奶油餡

將❸一半的量倒入容器中抹平。再重複一次步驟❹後，將剩下的❸倒入容器內。包上保鮮膜放冰箱冷藏一晚，要吃之前再灑上可可粉。

YouTube 影片清單

雞蛋三明治

火腿萵苣
三明治

法式吐司

提拉米蘇

雖然偶爾有人會稱呼我為「老師」，但這會讓我感到很不好意思，希望大家儘量不要這樣稱呼我。我希望大家把我視為「喜歡做菜的鄰居大哥哥」，而不是「老師」。我的理想不是「教」人烹飪，而是和大家一起「享受」烹飪。因為我不是老師而是鄰居大哥哥，所以我才能邊喝酒邊做飯，你想想看，如果一個老師邊喝邊做飯，應該會被罵吧。所以，就算我過了耳順之年還是要當大哥哥，先說，我真的沒醉喔。今後還請大家繼續多多支持了。

我的父母在我小時候就離婚了，而我第一次為別人做飯是在高中的時候。當時我為下班後筋疲力盡的母親做了「嫩煎雞胸肉」，其實只是因為超市的雞胸很便宜，所以我就選了雞胸。當時我參考了網路上某個人發表的網誌食譜，聽到媽媽說食物很好吃時，我感到非常開心。

從那時起，我就愛上了烹飪，而後烹飪成了我的職業，直到現在35歲了，我還在做菜。我現在之所以會在Twitter和YouTube上發布我自己的食譜，說不定是為了感念當年某個人上傳食譜的一種報恩。

在我還是個孩子的時候，我記得我曾對媽媽說：「我今天想吃燉煮漢堡排」、「怎麼又是咖哩，我想吃別的」像這樣叫媽媽做飯給我吃。當我開始做飯時，我才意識到料理是件多麼困難的事，如果沒有愛是辦不到的，不自己做做看還真的無法理解呢。

因此，我想至少我可以推廣自己做飯。人們常說料理就是愛情，但為了全家人準備食物本身就是一種愛吧。因為我總是一個人吃飯，所以當我回老家吃飯時，光是有人幫我做飯這件事就讓我很高興了，如果你身邊有人肯為你做飯，我希望你能好好珍惜他們，尤其是當這件事已經成為理所當然，更要好好珍惜。

說到底，我正在做的是我喜歡的事。雖然社會上總有人說「將你喜歡做的事變成工作吧！」但我想有些人一定非常苦惱吧。這些人也很努力工作，當他們回到家時，有家人、寵物或者是遊戲或漫畫在等著他們，這些樂趣不是也很美妙嗎？

我想說的是，從事自己喜歡的工作的人當然很棒，但那些在不喜歡的工作崗位上，持續努力的人也是非常了不起的。我認為，為了別人做飯的工作就是其中之一。

不好意思把氣氛搞得這麼沉重。

我就是喜歡烹飪的大哥哥Ryuji啦～！！！！！

打破料理常規的終極美味100道

從經典家常菜、異國料理、晚酌必備到甜點輕食，超實用創意食譜全收錄

リュウジ式至高のレシピ 人生でいちばん美味しい！ 基本の料理100

作者 竜士（リュウジ）
譯者 周雨梆
責任編輯 王奕
美術設計 郭家振
行銷企劃 張嘉庭

發行人 何飛鵬
事業群總經理 李淑霞
社長 饒素芬
主編 葉承享

出版 城邦文化事業股份有限公司 麥浩斯出版
地址 115 台北市南港區昆陽街 16 號 7 樓
電話 02-2500-7578
傳真 02-2500-1915
購書專線 0800-020-299

發行 英屬蓋曼群島商家庭傳媒股份有限公司城邦分公司
地址 115 台北市南港區昆陽街 16 號 5 樓
電話 02-2500-0888
讀者服務電話 0800-020-299（09:30 ～ 12:00;13:30 ～ 17:00）
讀者服務傳真 02-2517-0999
讀者服務信箱 csc@cite.com.tw
劃撥帳號 19833516
戶名 英屬蓋曼群島商家庭傳媒股份有限公司城邦分公司

香港發行 城邦（香港）出版集團有限公司
地址 香港九龍九龍城土瓜灣道 86 號順聯工業大廈 6 樓 A 室
電話 852-2508-6231
傳真 852-2578-9337

馬新發行 城邦（馬新）出版集團 Cite（M）Sdn. Bhd.
地址 41, Jalan Radin Anum, Bandar Baru Sri Petaling,57000Kuala Lumpur, Malaysia.
電話 603-90578822
傳真 603-90576622

總經銷 聯合發行股份有限公司
電話 02-29178022
傳真 02-29156275

製版印刷 漾格科技股份有限公司
定價 新台幣 460 元／港幣 153 元
2024 年 7 月初版一刷
ISBN 978-626-7401-84-2（平裝）
版權所有・翻印必究（缺頁或破損請寄回更換）

國家圖書館出版品預行編目（CIP）資料

打破料理常規的終極美味100道：從經典家常菜、異國料理、晚酌必備到甜點輕食，超實用創意食譜全收錄/竜士（リュウジ）作；周雨梆譯. -- 初版. -- 臺北市：城邦文化事業股份有限公司麥浩斯出版：英屬蓋曼群島商家庭傳媒股份有限公司城邦分公司發行,2024.07
　面；　公分
ISBN978-626-7401-84-2(平裝)

1.CST:食譜

427.1　　　　　　　　　　113009472